现代
GANJU ZHONGZHI
柑橘种植
实/用/技/术/问/答

廖文月　覃　伟　吴述勇◎主编

XIANDAI
GANJU ZHONGZHI
SHIYONG JISHU WENDA

U0332808

长江出版传媒　湖北科学技术出版社

图书在版编目（CIP）数据

现代柑橘种植实用技术问答 / 廖文月，覃伟，吴述勇主编.—武汉：湖北科学技术出版社 2019.5（2020.12 重印）

（丘陵山区迈向绿色高效农业丛书）

ISBN 978-7-5706-0600-9

Ⅰ．①现…　Ⅱ．①廖…②覃…③吴…　Ⅲ．①柑橘类—果树园艺—问题解答　Ⅳ·①S666-44

中国版本图书馆 CIP 数据核字（2019）第 023046 号

责任编辑：邱新友　罗晨薇　　　　　　　　　　　封面设计：曾雅明

出版发行：湖北科学技术出版社　　　　　　　　　电话：027-87679468

地　　址：武汉市雄楚大街 268 号　　　　　　　　邮编：430070
　　　　　（湖北出版文化城 B 座 13-14 层）

网　　址：http://www.hbstp.com.cn

印　　刷：湖北恒泰印务有限公司　　　　　　　　邮编：430223

782×1092　1/16　　　　　　　　9.75 印张　　　　186千字

2019 年 5 月第 1 版　　　　　　　　2020 年12月第 2 次印刷

　　　　　　　　　　　　　　　　　　　　　　　　定价：35.00 元

《现代柑橘种植实用技术问答》
编 委 会

前　言

　　柑橘是世界产量最大的水果之一，中国柑橘的栽培面积和产量均居世界首位。湖北省宜昌市是世界柑橘的发源地之一，种植历史悠久，是典型的丘陵山区，具有独特的三峡河谷气候，是全国市州最大的宽皮柑橘生产基地，属于农业部长江流域优势柑橘产业带。

　　柑橘是宜昌市农业优势特色支柱产业，产业规模位居全国市州前列。2016年全市柑橘种植面积196万亩，产量323万吨，产值98亿元。柑橘深加工企业15家，年出口罐头20万吨。规模种植品种有温州蜜橘、椪柑、脐橙等，鲜果基本实现周年供应。拥有的"宜昌蜜橘""秭归脐橙""清江椪柑"三大中国国家地理标志产品和"晓曦红""土老憨""屈姑"等多个品牌，得到了中国工程院院士、中国科学技术协会副主席、柑橘产业技术体系首席科学家邓秀新的高度肯定。

　　为推广宜昌市在柑橘产业发展中的先进技术、好做法和好经验，适应农业供给侧结构性改革的新形势，帮助广大农民朋友学习柑橘基础知识及高效种植新技术，增加经济效益，湖北省宜昌市农业科学研究院组织一批长期从事柑橘技术研究与示范推广的科技人员编写了《现代柑橘种植实用技术问答》一书。该书内容丰富，采用问答方式，通俗易懂，具有科学性、实用性和可操作性，是从事柑橘高效种植的农民朋友的好帮手，也可作为基层农业技术推广人员的参考资料。

　　在编写中得到许多专家的帮助与大力支持，在此一并致谢。由于作者水平有限，书中不妥之处，敬请读者批评指正。

编　者

2019 年 1 月

CONTENTS
目录

一、基础知识与技术

二、温州蜜柑种植实用技术

三、椪柑种植实用技术

四、甜橙种植实用技术

一、基础知识与技术

 我国柑橘产业发展的前景如何?

　　近年来我国柑橘产业快速持续发展,柑橘面积、产量持续增加,在各方面取得显著成效,柑橘种植区域及品种熟期进一步优化,精准栽培技术得以推行,柑橘质量进一步提高,产后处理进一步加强,经营模式进一步优化,加工业向深度发展,电商销售开始发展。我国柑橘产业发展将逐步趋于优质、丰产、高效,产销基本平衡。"十三五"规划的后 3 年,预计柑橘栽培面积下降,最终实现 250 万公顷;总产量会增加,最终实现 3 750 万吨;单产会因柑橘栽培面积压缩,总产量增加而较快上升,最终达到目前世界柑橘平均每公顷产 15 000 千克的目标。中国工程院院士、柑橘产业技术体系首席科学家邓秀新曾对我国未来柑橘产业的发展方向和趋势做出预测:各品种类型柑橘将会更加向优势区集中,如脐橙会集中在北纬 25°线以及三峡库区,温州蜜柑主要在宜昌—石门这一带;产业带由东部省份向中部、西部转移的趋势不可逆转,也就是说向湖北—湖南—广西这条线转移是必然的;由于劳动力成本快速上升,未来一段时间柑橘价格将呈稳中上升的趋势,但上涨的幅度不会太大,柑橘产业的利润也会越来越薄。随着柑橘产业链条的延伸,利润高低也有分化,利润主要流向品牌营销、电商销售等。

 柑橘高效栽培的环境条件有哪些?

　　柑橘高效栽培的环境条件主要有温度、光照、水分、土壤、风、二氧化碳等。柑橘多数种类源于热带、亚热带多雨的森林地带,属于亚热带常绿果树,性喜温暖湿润气候,不耐低温,较耐阴,根部好气好水,要求有机质含量丰富的肥沃土壤。外部环境条件对柑橘类果树生长发育及果树品质形成具有重要影响。

 柑橘高效栽培对温度有哪些要求?

　　温度是影响柑橘高效栽培的最主要因素。温度不仅关系到柑橘的分布和正常生长,还直接影响到柑橘的产量和品质。

　　(1)柑橘高效栽培的最适年均温、≥10℃年积温、冷积温。柑橘高效栽培需要

年均温 16.5 ～ 23.0℃,最低气温历年平均在 −4 ～ 1℃,不同品种要求不同,甜橙最适年均温 18 ～ 22℃,宽皮柑橘最适年均温 17 ～ 20℃;要求≥10℃年积温为 4 000～8 000℃,甜橙最适≥10℃年积温 5 500 ～ 8 000℃,宽皮柑橘最适≥10℃年积温 5 500 ～ 6 500℃;要求冷积温为 5 ～ 13℃,甜橙最适区为 7 ～ 13℃,宽皮柑橘最适区为 5 ～ 10℃。

(2)柑橘高效栽培的最适温度、最低温度和最高温度。柑橘营养器官的生长发育对温度的依赖性很大,柑橘最适生长温度范围为 25 ～ 30℃,柑橘开始生长的最低温度为 12.8℃(或 13℃),柑橘停止生长的最高温度为 37℃。一般温度为 13 ～ 37℃,柑橘枝梢一年四季都能生长,但冬季温度常低于营养生长的最低温度,利于花芽分化。

 4 柑橘高效栽培对光照有哪些要求? 光照对柑橘有哪些影响?

柑橘属于短日照果树,喜漫射光,较耐阴。光照是柑橘生长发育最根本的条件,在适宜的范围内,随着光照时数、强度的增加,光能利用率高,柑橘生长发育好,产量高、品质佳。柑橘高效栽培、高产优质需要适宜的光照,一般以年光照 1 200 ～ 1 500 小时最适宜,最适宜的光照度为 1.2 万～ 2 万勒克斯,光饱和点为 3.5 万～ 4 万勒克斯,光补偿点为 1 000 ～ 2 000 勒克斯。光照过强或过弱对柑橘生长发育不利,光照过弱易导致坐果率低、着色差、含糖量少、品质低劣,光照过强易引起日灼。

 5 柑橘高效栽培对水分有哪些要求? 水分对柑橘有哪些影响?

柑橘喜湿润环境,适宜的降水和湿度有利于柑橘树的生长发育,产量、品质的提高。柑橘高效栽培一般以年降水量 1 000 ～ 1 500 毫米、空气相对湿度 75%～ 82%、土壤相对湿度 60%～ 80% 为宜。如在年降水量不足 1 000 毫米的地区或年降水量虽能达到 1 000 毫米但降雨分布不均的地区,要获得丰收需要灌排加以调节。空气相对湿度对柑橘品质也有影响,相对湿度过大,柑橘病虫害易滋生,产量和品质下降,如脐橙花期和幼果期空气相对湿度达到 85%,落花落果严重。若空气湿度低于 60%,就会影响开花、授粉,降低坐果率;在果实膨大期,影响果实膨大和产量。

 6 柑橘高效栽培对土壤有哪些要求?

土壤的营养物质丰度和土壤物理性质将直接影响柑橘生长发育、生物量、经济产量与品质。柑橘高效栽培最适土壤要求土层深度 80 厘米以上,活土层 60 厘米以上;有机质含量 3% 以上,最好在 5% 左右;地下水位在 1 米以下;土质疏松,保肥保水性能好,排水性能好。柑橘对土壤的适应性较强,但最适宜的土壤是壤土或沙壤土。柑橘对土壤的酸碱适应范围广,在 pH 值为 4.8 ～ 7.5 内均能栽培并获得丰产,而 pH 值 6.0 ～ 6.5 最适宜。也就是常说的宜酸不宜碱、宜松不宜黏、宜深不宜浅、宜肥不宜瘠。

7 影响光、热、水相关的环境因子有哪些?

海拔高度、地形、坡度、坡向等与柑橘生长需要的光、热、水条件密切相关。

(1)海拔高度。海拔高度直接影响气温,海拔越高,气温越低。在一定高度范围内,年降水量随海拔上升而递增。海拔越高,光照越强,紫外线相应增加。由于海拔高度直接影响光、热、水条件,故可利用海拔的不同高度种植不同种类的柑橘。山地种植柑橘,因海拔高度而出现逆温层,应注意利用。逆温现象山谷比平坝区强。了解逆温层的规律,可在柑橘果树的种植上加以利用:把易受冻的柑橘品种种植在逆温层最强的 20 ～ 50 米层,不易受冻的种植在 50 ～ 100 米层。通常在冷空气下沉、气温最低的谷底种柑橘最易受冻。

(2)地形。从整体看,我国地形西北高,东南低,中间山丘和平原。如四川盆地虽纬度较高,但因四周高山环绕,阻挡冷空气入侵,仍是柑橘最适宜种植区;南岭以南的广东、广西,因冷空气入侵受阻,成了南亚热带气候,适宜种植柑橘。

(3)坡度。柑橘高效栽培应考虑坡度的大小,一般要求在 25° 以下,最好在 15° 以下。

(4)坡向。在山地、丘陵种植柑橘一般以东南坡和西南坡最好。北坡(阴坡),不太适宜种植柑橘。

8 柑橘园地如何选择?

柑橘园地应尽量选择有利于果园建设的区域气候、土壤类型、水源、地形地貌等条件,按照"合理布局、综合配套、集中连片"的原则,因地制宜选择柑橘园地。

(1)区域气候。一般要求年平均温度 16.5 ～ 23.0℃,最低气温历年平均在 -4 ～ 1℃,≥10℃ 的年积温为 4 000℃ 以上,1 月平均温度 ≥5℃。年光照时数 1 200 ～ 1 500 小时,年均降水量 1 000 ～ 1 500 毫米,无霜期在 260 天以上。

(2)土壤类型。土壤质地良好,疏松肥沃,壤土或沙壤土为宜,土层深度 80 厘米以上,活土层 60 厘米以上;有机质含量 3% 以上,最好在 5% 左右;地下水位在 1 米以下;pH 值在 4.8 ～ 7.5,最好为 6.0 ～ 6.5。

(3)水源。要求水源邻近,灌溉便利,灌溉水无污染。中等干旱年份,每公顷果园需 750 立方米的可用水源;对于严重干旱年份,每公顷果园需 1 500 立方米以上的灌溉水源。

(4)地形地貌。平地或坡度 25° 以下,最好在 15° 以下的东南坡或西南坡,背风

向阳。海拔高度550米以下。

 园地规划包含哪些?

果园应统一规划,修筑必要的运输、排灌、蓄水和附属建筑等设施,果园周围应营造防护林。

(1)园区布置。平地及坡度在6°以下的缓坡地,宜采用长方形栽植,栽植行为南北向。坡度6°～25°的山地、丘陵地,宜采用等高栽植,栽植行的行向与梯地走向相同。梯地水平走向应有0.3%～0.5%的比降。

(2)运输系统。运输系统包括主干道、支道和作业道。主干道与公路相通,支道与主干道相连,作业道与支道相连,并贯穿整个果园。山地果园应设置单轨道或双轨道,采用轨道运输机械运输农业投入品和产品,以达到省力化栽培的目的。

(3)排灌系统。果园内应修建储水池、排灌沟渠等,道路两侧修建排水沟。平地果园须在果园中央及四周挖深沟,山地果园由山顶到山脚,排水沟由浅到深,以便排灌。

(4)防护林。防护林选择速生树种,与柑橘没有共生性病虫害。

(5)废物与污染物收集设施。园区应分别设有收集垃圾和农药空包装等废物与污染物的设施。

 柑橘如何在丘陵山地建园?

丘陵山地柑橘果园建设包括以下几点:

(1)园地的初步勘测(水平仪或经纬仪)。

(2)丘陵山地果园的作业区和小区的划分。小区面积要适当大,作业区要根据种植计划、工作性质决定。因地制宜划分小区,根据柑橘园面积和地势的不同,以山头或坡向划分小区,小区间以道路、汇水线或山脊为界,要求同一小区内的气候、土壤、品种等保持一致,集中连片,以便于栽培管理。

(3)等高梯田的建立。梯田面宽度的决定,遵循依地形及节约成本的原则;梯田高度的决定,根据梯面宽度及坡度决定;比降,梯地水平走向应有0.3%～0.5%的比降;边埂及梯壁,保水、保肥、保土及护坡。

(4)种植区域的规划。整个栽植区域放通线,牵绳定距、规范放线、规范栽植,做到横成排、竖成行、斜成线。

(5)灌溉的设计。在山地周围挖宽度与深度均在50厘米以上的环山排水沟,还需要在果园内部的道路上挖稍微较小的排水沟,宽度与深度在30厘米左右,为防止暴雨的冲刷,在每隔25米的地方挖消力池。同时,为了保证灌溉所需的水源,在种植园地旁边需要建立大量的蓄水池,蓄水池的数量根据种植数量而定。

什么是标准柑橘果园?

标准柑橘果园是运用现代科学技术、现代工业装备、现代管理方法,按照"生态适宜、布局合理、功能配套、品种优良、科技先进、优质安全、丰产高效、可持续发展"的要求,统一设计,实现山、水、园、林、路等基础设施合理配套建设,建成的品种区域化、生产标准化、专业化、规模化、具有现代化水平的柑橘商品生产基地。标准柑橘果园,每 667 平方米年产须稳定在 3 000 千克以上,优质果率 90% 以上,均价比普通柑橘园高出 35% 以上。

 柑橘引种须注意哪些问题?

引种对柑橘产区品种结构优化、提高品牌、提高良种率有重要的作用。引种应注意以下问题:

(1)按照《中华人民共和国种子法》和相关法规引种。

(2)引进种质具有明显的或者潜在的经济或研究价值。

(3)引进品种具有较大的市场空间。

(4)引入地区的主要生态因子满足正常生长结果的要求。

(5)品种的生育期和成熟期必须适应引入地区的季节性变化。

(6)选择正确的引种源,确保引进材料种性纯正,无危险性病虫害。

 柑橘脱毒大容器育苗技术有哪些?

(1)场地选择。育苗场地应选择在交通方便、水源充足、地势平坦、通风和光照良好、远离检疫性病虫害、无环境污染的地区。要修建温室和网室,温室主要用于砧木苗培育,网室主要用于采穗圃的保存繁殖。

(2)备好育苗容器。育苗容器有两种,一种是播种容器,供培育小砧木苗用,可选用高密度低压聚乙烯铸造而成的 96 孔播种容器。一种是育苗钵或育苗桶或育苗袋,用于培育嫁接苗的容器,一般由聚乙烯薄膜压制成型。育苗钵圆形,高 30 厘米,直径 15 厘米;育苗桶长、宽各 10 厘米,高 33 厘米;育苗袋宽 17 厘米、高 28 厘米。

(3)营养土的配制与消毒。①营养土的配制。生产中应用比较多的配方是"发酵的猪(羊)粪或菜饼＋原土＋谷壳",并具有前配方同等效益,且营养土成本降低 25% 左右。发酵的猪(羊)粪、原土、谷壳体积比为 25∶50∶25,每立方米加 48% 的复合肥 2.5 千克,硫酸亚铁 2.5 千克。②营养土的消毒。每立方米营养土加 50% 多菌灵 60 克,与土混匀后覆盖薄膜。砧木苗营养土堆成高度≤30 厘米的条状,高温暴晒 30 天以上,嫁接苗营养土在装容器前密封 30 ～ 60 天。

（4）培育砧木苗。①砧木的选择。选用成熟饱满的种子培育砧木，要求砧木品种纯正，无检疫性病虫害。宽皮柑橘、橙类选用枳壳作砧木为最优；橙类也可选用红橘、枳橙作砧木。②砧木种子的消毒。播种前先将种子用 50℃ 热水浸泡 5～6 分钟，取出后再立即放入 55℃ 的热水中浸泡 50 分钟，然后用 1% 漂白粉溶液消毒，最后把种子放入清水中冷却后捞起晾干备用。播种之前，先用 1% 漂白粉溶液对网室、播种器及工具等进行消毒处理。③播种。播种时将种子小的一端即有胚芽的一端向下置于育苗器营养土内，播后覆盖 1.0～1.5 厘米厚的营养土，播种后的当天，一次性浇透水，喷头朝上，反复多次，防止把种子冲歪。④播种后管理。及时浇水，将温床湿度保持在 60%～70%，且保持土壤表面微干；及时补肥，种子萌芽后每 1～2 周施 0.1%～0.2% 复合肥溶液 1 次；病害防治，及时注意对立枯、炭疽、脚腐病的防治，及时地除去病苗、弱苗。⑤砧木苗的移栽。当播种苗长到 15～20 厘米高时移植，选择生长健壮、茎干直立、高矮一致的苗，起苗时淘汰根茎或主根弯曲苗、弱小苗和变异苗等不正常的苗，且保护根系不受损伤。移栽苗根系保留长 10 厘米，剪去过长的根系后用黄泥浆蘸根。砧木苗移栽时，把消毒好的营养土装入容器袋中，压紧贴实，且保持干湿适宜。随后用长 25 厘米、直径 2.0～2.5 厘米木棍扦插打孔，孔深约 12 厘米，再插入砧木苗，确保根系直立、舒展后用扦插棒扒土压实根系。砧木苗移栽后，及时浇透定根水。移栽成活后，一周喷施 1 次叶面肥，第一周用 0.1%～0.2% 复合肥溶液，随后一周 1 次 0.5% 复合肥 ＋ 0.3% 尿素混合液。

（5）培育嫁接苗。①接穗的采集。无病毒接穗必须来自良种无病毒专用网室采穗圃。采集接穗前，用 0.5% 漂白粉液浸泡采集工具等 30 分钟以消毒。接穗选择老熟、健壮的枝条，采下的接穗及时剪掉叶片，做到随采随用。②嫁接。嫁接前对嫁接工具用 0.5% 漂白粉液浸泡 30 分钟消毒，嫁接前 3 天对砧木袋灌透水 1 次。嫁接高度为距营养土表面高 10～15 厘米。嫁接方法：按照"切砧、削芽、嵌芽、绑扎"四步程序，一般采用芽接。③嫁接后管理。解膜、检查成活：嫁接 20 天左右，检查成活，用刀在接芽反面解膜，如果接芽变黄应立即补接。剪砧：接芽萌发抽梢成熟后，剪去上部弯曲的砧木，剪口的最低部位不低于芽的最高部位，剪口与芽的相反方向呈 45° 倾斜，剪口平滑。除萌、整形：及时抹除嫁接后砧木上的萌芽；嫁接苗高 40～50 厘米时，对新梢摘心定干，主干上留 3～4 个分枝，多余剪除。肥水管理：从春芽萌发前至 8 月，每月施肥 1～2 次，以速效肥为主，8 月中旬后不施肥，以免抽生冬梢；适时灌水保持土壤湿润。病虫害防治：幼苗期喷 3～4 次杀菌剂，防治苗期病害。

（6）出圃。苗木出圃前应由产地植物检疫部门出具购苗方的检疫性申请函，并且符合国家对苗木检疫的规定，无检疫对象苗木可签放检疫合格证。①出圃标准。

嫁接部位离营养土表面的距离≥15厘米，砧穗结合部的曲折度≤15°；嫁接口上2厘米处茎干直径≥0.8厘米，主干粗直、光洁；株高≥60厘米，分枝2～3个，枝叶健壮，叶色浓绿，富有光泽；根系完整，根颈、主根不弯曲，主根长15厘米以上，侧根须根发达，分布平衡。②出圃。起苗前浇透水，抹去幼嫩新芽，剪除幼苗基部多余分枝。出圃前对苗木的品种要清理并核对。苗木在运输过程中，严防重压和日晒雨淋，到达目的地，先浇少量水，尽快定植。

14 如何管理良种接穗母本园？

为保证良种纯正和无病毒，且又能加速脱毒苗繁殖，应建立一级采穗园（国家柑橘苗木脱毒中心），二级采穗圃（一般在省、地或县），良种无病毒采穗母株限用三年，一级采穗圃主要向二级采穗圃提供接穗和采穗母株，二级采穗圃主要向良种繁育场提供接穗。采穗母本树用50厘米×60厘米大营养钵，定植于网室内，定植密度为100厘米×100厘米，定植后第二年开始采集接穗。接穗母本园管理包括：

（1）选定的母本树在剪取接穗时期，不能结果。在7月初对母本树进行修剪，摘除树上所有果实，对部分枝条短截促发较多的新枝，保证有足够的接穗用于繁殖幼苗。

（2）母本树要精细管理，增加施肥次数，促使母本树旺盛生长。因在网室内栽培管理，室内温度、湿度与网室外不同，要常观察其病虫发生情况，注意喷药保护使其不受病虫危害。

（3）采接穗前如遇干旱天气，对母本树连续浇水3次，保证枝叶含水量高。削取接芽时，芽片光滑无干燥现象，有利于提高嫁接成活率。

15 如何建立砧木母本园？

在柑橘主产区，应对栽培的柑橘，尤其新品种使用的主要砧木品种，在柑橘育苗场（中心）、省级柑橘（果树）研究所（站）采用砧木的接穗高接培养母树，建立母本园，克服种子的遗传变异，确保砧木品种在大面积柑橘栽培中的纯度，以利柑橘优质、丰产和有长的盛产期。

16 柑橘砧木的繁殖方法有哪两种？

柑橘砧木的繁殖，通常采用实生播种方法，也可采用扦插方法繁殖。实生播种时期分为秋播和冬、春季播种，秋播时种子尚未成熟，故又称为嫩子播种，嫩子播种在7月底或8月上旬进行，1个月左右可以萌发完全，出苗率较高。冬季需要盖膜保温，翌年4—5月转暖后可以移栽。嫩子播种从播种至砧木用于嫁接的时间延长。

成熟种子需要在冬、春季播种,播种前需要层积或一定处理。层积的砧木种子可以直接播种,晾干的种子播种前需要进行温汤催芽,3月转暖后开始萌发,至5—6月可以进行移栽,生长时间短于嫩子播种。若砧木种子不足,或者播种到可嫁接所需周期长,可采用扦插繁殖。

选择砧木的原则是什么?

选择砧木的原则包括:①具有与接穗品种亲和力强并能保持和增进接穗品种的优良性状;②能适应当地气候、土壤等自然生态条件;③根群发达,抗逆性强;④种子来源易,发芽率高,生长快;⑤从无黄龙病等危险性病害的地区和母本园中的健康母树上采果留种。

如何采集与处理砧木种子?

(1)砧木种子的采集。砧木种子要采自优良纯正品种或优良单株系,无裂皮病、碎叶病和检疫性病虫害。砧木种子采集时期依品种而异,一般应在12月果实充分成熟后采收,也可以在8—9月采集嫩种用于播种。砧木母本园果实成熟时采集砧木种子,要求种子粒大、饱满、形状端正、色泽新鲜、无病虫害。采集后淘净杂质、果胶,置阴凉通风处阴干至种皮发白。

(2)砧木种子的处理。①贮藏种子。一般采用沙藏法,河沙选用干净无杂质的,用手轻捏成团,轻放在地即散。种子与河沙按1:4的比例混匀堆放,上面盖一层塑料薄膜,种子贮藏后,要经常检查水分,沙变干后要及时喷水,拌匀或掺入湿沙,并注意防止鼠害。②种子消毒。播前要进行种子消毒,先在保温容器内倒入57℃左右的热水,将砧木种子用纱网袋装好,置于50～52℃热水中预浸5～6分钟,取出后立即投入保温容器内,注意使水温保持在(55.0±0.3)℃,处理50分钟。取出后,立即摊开冷却,稍晾干,待播。凡要接触已消毒种子的人员,必须先用肥皂洗手。

宜昌柑橘生产上目前采用的砧木有哪些?

宜昌柑橘生产上目前采用的砧木以枳、枳橙、红橘等为主。砧木种子的选择中,宽皮柑橘、橙类选用枳壳作砧木为最优;橙类也可选用枳橙、红橘作砧木。枳是中国目前应用最多、最广的柑橘砧木(图1),对多数柑橘品种亲和力强,成活率高。枳橙是枳与甜橙的自然杂种,商用品系特洛亚和卡里佐枳橙都抗衰退病和根腐病,是当今世界的主要砧木品种。红橘是橙、柑、橘、柠檬较好的砧木,但是嫁接甜橙树体高大,结果延迟,产量及品质不及枳砧。

图 1　柑橘枳砧木

 柑橘无病毒壮苗的优点是什么？其生产过程是怎样的？

柑橘无病毒壮苗生长健壮，节间短，枝叶健全，叶片厚且浓绿，富有光泽，根系发达，主根直，侧根分布均衡，具有无检疫性病害及常见的病虫危害、成活率高、栽后缓苗期短、可提前 1 年挂果、丰产等优点。一般其生产过程：建温室大棚→配制培养土→建苗床→播砧木种子→砧木苗移栽→准备接穗→嫁接→嫁接苗出圃。

 影响嫁接苗成活的因素有哪些？

影响嫁接苗成活的因素有：

(1)砧穗间的亲和力。指砧木与接穗在遗传、生理生化上相互协调、相互适应的能力，如柚与橘、橙不亲和，将其硬接成一株，不可能长成好的植株。

(2)砧木、接穗的质量。砧木缺乏水分或营养不足，长势太弱，嫁接后砧穗结合部位得不到充足的水分供应，形成层不易产生新的愈合组织，造成接穗死亡。接穗变质死亡，接穗在贮藏或运输过程中，因保存方法不当或时间过长，易引起接穗脱水干枯、腐烂等变质现象，造成接穗失去愈合分生能力，影响成活。

(3) 嫁接时期及环境条件。适宜的温度、湿度有利于产生愈伤组织和分化新的输导组织，嫁接成活率高。晴天温度较高而稳定，有利于成活，一般日平均气温 15 ～ 25℃较适合于细胞分裂活动，32℃以上的温度不利于嫁接成活。雨天温度降低，湿度过大，接穗容易腐烂。

(4)嫁接技术。嫁接的"快、平、准、紧、实"影响嫁接苗的成活率，如接穗削面不平，过深或过浅，接穗削面和砧木切口不清洁，接穗和砧木的形成层对接不准，接穗结合面太少，未紧贴，薄膜条捆扎不紧不严，解除薄膜过早等，都会降低嫁接

成活率。

22 标准容器苗应具备哪些要求?

（1）接穗和砧木品种纯正，来源清楚。

（2）不带检疫性病虫害、无病毒。

（3）嫁接部位离地面10厘米以上，结合部上方2厘米处直径0.8厘米以上，嫁接口愈合正常，已解除捆缚物，砧木残桩不外露，断面已愈合或在愈合过程中。

（4）主干粗直、光洁，高25厘米以上（金柑15厘米以上）具有至少3个且长15厘米以上、非丛生状的分枝，枝叶健全，叶色浓绿，富有光泽（图2）。

（5）根系发达完整，根颈部不扭曲，主根不弯曲，长15厘米以上，侧根、须根发达，分布平衡。

图2　柑橘标准容器苗

23 嫁接常用术语是指什么?

嫁接是柑橘苗木繁育的重要手段，即采取优良品种植株上的枝或芽接到另一植株的适当部位，使两者结合而生成新的植株。接上去的枝或芽叫作接穗或接芽，与接穗或接芽相接的植株叫砧木。接穗和砧木愈合后长成的新植株叫嫁接苗。采用嫁接繁殖的新植株，既能保持其母株的优良性状又能利用砧木的有利特性（抗逆性、适应性、早果性等）。

24 柑橘嫁接方法有哪些?

柑橘常用嫁接方法有枝接和芽接（图3）。春季以枝接为主，秋季以芽接为主，柑橘枝接以单芽切接法为主，芽接以腹接方式的嵌芽接为主。切接通常将砧木的上部剪锯掉，而使接穗上的芽迅速萌发生长，又因为接穗是带有芽体茎段，高接后抽发枝梢较单纯的芽接要快得多，树冠的恢复也迅速，成形也快，特别是在砧木较粗，砧穗不好离皮的条件下多用枝接。一般用在春季高接。芽接的优点：方法简便，技术容易掌握，嫁接方法比其他方法都快；节省接穗材料，繁殖系数大；嫁接的时间长，整个生长季节都可以进行；成活率高；比枝接愈合牢固，不易吹断；对砧木也可充分利用，尤其是对较细的砧木；嫁接成活后剪断砧木，即使接不活也可进行补接。

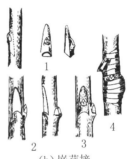

（a）切接

1、2. 削接穗　3. 切砧木
4. 插接穗绑缚

（b）嵌芽接

1. 削芽　2. 削砧木切口
3. 插入接芽　4. 绑缚

图3　柑橘嫁接方法

25 什么是高接换种技术？

高接换种就是在原有老品种的树冠上，改接优良品种，进行品种更新。它是老果园改造、提高柑橘种植效益的有效方法。高接换种在整个生长季节均可进行，但以春季和秋季为主。高接的常用方法有腹接和芽接。腹接法比芽接法抽生枝条强壮，在春秋两季均可采用，以秋季高接效果最好。芽接法操作简单，接穗用量少，成活率高，秋季芽接芽片应削厚些，有利于接后枝条抽生强壮，春季芽接芽片应削薄些，此时温度不高，过厚会影响成活率。

26 什么是内膛腹接技术？

柑橘内膛腹接是在柑橘树冠内部，主枝基部嫁接新芽，内膛补空的一项新技术。8月中旬至9月下旬是柑橘内膛腹接的最佳时期，内膛腹接可接同品种，也可补接良种。腹接方法一般采用小芽腹接（嵌合芽接）、单芽枝腹接、双芽枝腹接。嫁接部位在内膛补空，哪里缺枝补接到哪里；高接换种的直接腹接在1米高以下的二三级枝上，也可直接嫁接在主枝上。最好一个枝多接几个芽，芽距5～10厘米。内膛嫁接要与"开天窗"结合，保证内膛被接枝能得到阳光、雨露，才能正常生长，所以

首先要锯除顶端直立的、遮光的强枝,开好天窗,其次要及时摘心、施肥和做好病虫防治。

柑橘嫁接时期有哪些?

柑橘嫁接时期有春季嫁接和秋季嫁接。此时气温较高,雨量充沛,树液流动旺盛,有利于嫁接成活。柑橘以春季嫁接为主,春季嫁接最佳时间 3 月下旬至 4 月中旬,秋季嫁接最佳时间 8 月上旬至 9 月上旬。同时应注意中、短期天气预报,避开风雨天气。

如何管理柑橘嫁接苗?

(1)检查成活。春接后 15 ~ 20 天,秋接后 10 天检查成活情况,发现接芽变黄或变褐色,应及时补接或待春暖再接。

(2)解膜剪砧。待接穗新梢基部木质化后解除绑扎的薄膜,如不露芽包扎,在检查成活时先将薄膜划开让芽露出。芽接苗在接穗芽萌发前两周于接口上 0.3 厘米处剪断砧木,有霜冻的地区 9 月以后嫁接的当年不剪砧,以防接芽生长后受冻。

(3)除萌。嫁接后要及时疏除砧木上的萌芽,保证接穗有充足的养分。接穗萌芽后如有两个芽以上的,应除去弱芽、歪芽,留一壮而直的芽。

(4)整形。现在提倡大苗建园,因此需要对嫁接苗进行剪顶定干,一般立秋前后剪顶,寒露风来得早的或容易干旱的地方或秋末冬初出圃的适当提前,保证秋梢充实。在选留的春梢或者夏梢中上部饱满芽处剪顶。

(5)肥水管理。幼苗生长发育以速效性肥为主,每次发梢前一周施入肥料,促进根系的生长和下一次新梢的萌发,8 月中旬应停止施肥,以免促发新梢入冬后受冻。当遇到干旱时应及时灌水保湿。多雨季节,做好排水防渍工作。

(6)病虫害防治。病害一般在苗圃发生较少,可以用一些杀菌的药物防治;苗圃主要是发生虫害较厉害,较常见的害虫有潜叶蛾、锈蜘蛛等害虫,防治方法建议及时清理田园杂草、老叶、病叶、病枝等集中起来焚烧,尽量减少虫源。其次可使用农药防治。

柑橘苗的栽植方式有哪几种?

柑橘的栽植方式与果园的立地条件、栽植密度等密切相关。栽植方式的确定,应考虑有利于土壤改良和土壤面积及光能的有效利用,以及对外界不良条件的抗逆性等因素。从柑橘园角度来看,柑橘苗的栽植方式有长方形、正方形、三角形、宽窄行和等高种植等;从柑橘苗木类型来看,柑橘苗的栽植方式有裸根苗栽植和容器苗栽植;从柑橘苗栽植密度来看,柑橘苗木栽植方式有计划密植栽植和合理稀植栽植。

 30 柑橘苗栽植要注意什么？

柑橘苗栽植要注意以下几点：

(1)适时栽植。柑橘苗一般以秋植、春植为好，秋植是在秋梢老熟后（约在"白露"至"霜降"前后）进行，10月前后移栽最适宜，最迟不超过11月中旬。春植是在冬季寒流后，春芽萌动前栽植。但春植春梢抽生不如秋植强，比秋植的晚一年形成树冠。

(2)选用健壮苗木。良种壮苗应具备如下条件：①嫁接口以上的高度应超过30厘米，嫁接口以上2厘米处的主干直径0.8厘米以上，枝叶繁茂、老熟，叶色浓绿。②嫁接口处应已解除绑膜条，且愈合良好。③植株直立，有2～3个分枝。④根系发达，须根多。⑤病虫害少。

(3)挖好定植穴。在定植畦上，按照株行距测出定植点，然后开挖定植穴，每穴施以适量的有机肥及磷肥，充分与穴土拌匀，并翻入穴中，适当淋水，使肥料在穴内充分腐熟且保持一定水分。

(4)掌握正确的栽植方法。裸根苗和容器苗栽植方法有所不同，裸根苗栽植前要对苗木进行修剪、修根和打泥浆，栽植时要注意：一是栽植深度适宜，以根茎部覆土高度高出畦面10～15厘米、嫁接口露出土面3～5厘米为宜，防止浇水后树盘下陷，使嫁接口埋入土中。二是定根水要随栽随浇，浇足浇透。三是土壤湿度太大时，不能用脚踩树干四周，以免黄泥巴结成团，影响成活。容器苗栽植时，直接带营养土定植，抹去四周和底部营养土至露出根系，剪掉部分弯曲根系进行整理，使根系末端伸展，将苗放入栽植穴中，根颈露出，将泥土填入栽植穴，使土与苗根充分接触。注意填土后将回填土与容器苗所带的营养土结合紧密，踏实，不留空隙。然后筑树盘，灌足定根水，立支柱扶正和固定树苗。

31 柑橘幼苗期的管理要注意什么？

柑橘幼苗栽植后至少半个月才能成活，因此在定植后的半个月内，视土壤的干湿程度，每天或几天浇1次水。雨后要及时排水，以防烂根。柑橘苗定植15天左右检查成活情况，进行补栽。柑橘苗成活后可薄施液肥，最好是腐熟的有机水肥、饼液肥，也可浇0.3%～0.5%尿素、复合肥或者磷酸二氢钾等化肥，以利根系和新梢生长。为保证柑橘幼苗期安全越冬和越夏，最好在栽苗后树盘覆盖稻草、秸秆、绿肥或地膜等覆盖物，以保持土壤疏松和湿润。在有风害的地区，应设立支柱防风。苗大成活后，及时摘心，促进树冠生长。此外注意对红蜘蛛、黄蜘蛛、卷叶蛾、潜叶蛾等害虫的防治。

 柑橘大树如何移栽?

计划密植园,需要进行大树移栽,改善密植园的通风透光条件。为提高移栽的成活率,大树移栽的主要技术要点如下:

(1)移栽前一年的秋季,进行移栽前处理。①移栽前修剪。根据树势情况,锯去树冠下的大枝便于开挖沟,其余大枝采用去大留小、去弱留强、去粗留细的大枝回缩法,培养新树冠。在各个保留断面上涂73%甲基托布津100倍液防治病毒感染。②断根处理。在移栽树两侧距主干40~50厘米处开深宽各30厘米沟,并将挖断根系用枝剪剪平伤口。晾根2~3天后,进行覆土和浇水,以促发新根。

(2)移植方法。①起树。在第二年春芽萌动前选择无风的晴天,从环状沟外沿起挖,斩断距地面50厘米以下底部各个直立根,带土盘移至挖好的定植穴,若遇沙质壤土应打黄泥浆保护,并用稻草和草绳捆扎根部。起好的柑橘树应做到随挖随栽,忌隔日栽种。②栽植。栽植时,根系舒展,分层排匀根系,分层填土压实,使根系与土壤紧密结合。

(3)移栽后管理。①浇水。栽植后须立即浇透水,以后视天气情况,每隔3~5天浇1次水,直至树体成活,如遇连续晴天,须对树冠喷水。②施肥。以勤施薄施氮肥为主。一般在第6天傍晚用3%尿素和2%磷酸二氢钾及50%多菌灵500倍液混合喷施以补充叶面营养,以后10~15天喷1次。③树盘覆盖。用稻草或秸秆在树干50厘米外进行覆盖,保墒防旱,促进新根生长,提高大树成活率。

 如何建设柑橘园排灌设施?

柑橘园多建在丘陵地区,须建设排灌沟渠、田间管网、蓄肥池、蓄水池等排灌设施,做到旱能灌涝能排,又可实现水肥一体化,还可作为喷药的主输药管道。排灌设施结合作业便道等基础设施配套建设。作业便道一侧或两侧建排水沟、蓄肥池、蓄水池,田间铺设管道,四者相通。自来水、排水沟中的天然水进入蓄肥池和蓄水池,蓄肥池、蓄水池中的水通过管道加压进入滴灌或微喷灌系统输送到柑橘植株根部。排水沟配套沉沙池,每667平方米建沉沙池2个、蓄肥池1口、蓄水池1口,总蓄水量30立方米。橘园排水沟的建设依地势地形而定,沿主道两侧设立总排水沟,小区的四周设立支沟,支沟连总沟,总沟通向山塘或河流。山地橘园梯田内侧设支沟,直向的总排水沟沟底应做成梯级形。面积较大或坡度较陡的山地,应沿等高线修筑横向防洪沟,沟深宽70厘米左右。

 果园灌溉有哪几种方式?

柑橘园灌溉方式可以分为普通灌溉和节水灌溉两大类。普通灌溉又可以分为沟灌、漫灌、简易管网灌溉、浇灌等方式。节水灌溉又可以分为滴灌、微喷、地下渗灌等。普通灌溉的建设成本较低，但灌溉水利用较差。节水灌溉是将输水管铺设到每株柑橘树下，水经过过滤、加压后直接送到柑橘的根区，滴头出水的为滴灌，喷头出水的为喷灌，埋在地下的水管孔出水的为地下渗灌。节水灌溉水利用率高，省时省力，但建设成本高，需要专人维护。

35 柑橘园水肥一体化技术如何实施？

柑橘园水肥一体化技术实施要点如下：

（1）设施设备的建设。系统规划、设计和建设水肥一体化灌溉设备、施肥设备等设施设备以及蓄水池、电力设施、动力设备、过滤设施、管道及其他设施、控制和量测设备等配套设施。根据地形、水源、作物分布和灌水器类型布设管线。在丘陵山地，干管要沿山脊或等高线进行布置。对于中壤土或黏壤土果园，每行布设一条滴灌管，对于沙壤土果园，每行布设两条滴灌管。对于冠幅和栽植行距较大、栽植不规则或根系稀少的果园，采取环绕式布置滴灌管。安装完灌溉设备系统后，要开展管道水压试验、系统试运行和工程验收，灌水及施肥均匀系数达 0.8 以上。

（2）灌溉施肥方案的制订。根据柑橘的目标产量，不同生长发育期的需水、需肥规律，土壤墒情及土壤养分含量等制定灌溉施肥制度，包括基肥与追肥比例，不同生育期的灌溉和施肥次数、时间、灌水量及施肥量。按照肥随水走、少量多次、分阶段拟合的原则，将作物总灌溉水量和施肥量在不同的生育阶段分配，利用灌溉系统的施肥原则为"总量减半、少量多次、养分平衡"，一般"一梢三肥"，果实发育期每10 天一次。

（3）维护保养。注重施肥前后滴清水稳定压力及清洗管道。施肥中，应定时监测灌水器流出的水溶液浓度，避免肥害。要定期检查、及时维修系统设备，防止漏水。及时清洗过滤器，定期对离心过滤器、集沙罐进行排沙。冬季来临前应进行系统排水，防止结冰爆管，做好易损部件的保护。

36 土壤老化会产生哪些问题？

柑橘园土壤老化，主要是柑橘园坡度大，耕作不当，水土流失严重，使耕作层浅化，导致大量细根裸露在表层；长期大量施用化肥，导致土壤酸化、板结；长期栽培柑橘使土壤中积累了某些有害离子和侵害柑橘的病虫害，使土壤肥力及生态环境衰退恶化，不适宜柑橘生长。

37 红壤柑橘园如何进行改良？

红壤黏、酸、瘦、板的特性，远不能满足柑橘生长发育的要求，往往造成柑橘生

长缓慢,结果晚,产量低,品质差,甚至无收,一般要对土壤进行改良。方法:一是做好水土保持工作,兴建水利设施,做到果园既能灌又能排,并修建等高梯地、壕沟或大穴定植;二是提高土壤有机质含量,即种好绿肥,以园养园;三是深翻熟化土壤,坚持深翻改土,逐年扩穴,增施有机肥;四是适当调酸,即酸性土结合施用石灰,调节土壤酸碱度;五是适当施用磷肥;六是抗旱保墒,适时进行灌溉。

38 果园土壤有哪几种管理模式?

柑橘园土壤管理就是要针对橘园的特点,采取不同的土壤管理模式,创造有利于柑橘生长发育的水、肥、气、热条件。柑橘果园的土壤管理模式主要包括深翻改土、中耕除草、生草栽培、覆盖等。

(1)深翻改土。深翻改土、熟化土壤,是土壤熟化程度不高的柑橘果园土壤管理的主要措施。深翻改土通常浅翻每年均可进行,深翻则可两年一次,时间一般以每年9—10月和采果后进行较好。深翻改土的原则是:既不能影响柑橘的正常生长,又要能促使断根、伤根的伤口愈合。

(2)中耕除草。中耕除草是保持橘园土壤表面裸露的一种土壤管理法。柑橘园凡是没有覆盖、间作的,每年一般都要进行3~4次的中耕除草。促进土壤通气,加速有机质的分解,消除病虫害潜伏滋生。但是中耕除草土壤有机质含量低,养分消耗快,容易造成水土流失。

(3)生草栽培。生草栽培是在果树行间或者全园种植多年生草本植物的一种土壤管理办法,可分为自然生草和人工生草。生草栽培可防止水土流失、增加有机质、缓解果园温湿度剧变。

(4)覆盖。利用刈割的绿肥茎叶、秸秆、干草、薄膜等材料在果树周围进行覆盖。分为整年覆盖方式及间断覆盖方式。覆盖有保温防寒、保湿防旱、提高产量及品质等作用。

39 柑橘园种植绿肥对土壤有哪些作用?

绿肥是优质的有机肥料,尤其对土壤未熟化的柑橘幼龄果园,植株尚未封行,在行间种绿肥(图4),是改良和培肥土壤、减少地表侵蚀、稳定土表温度的一种经济有效的方法。具体作用:一是提高土壤肥力。种植的绿肥作物翻埋入土,提高土壤肥力。二是改良土壤结构。绿肥压埋土壤中一方面有机质化,释放各种有效态养分,供柑橘根系吸收利用;另一方面又腐殖质化,促使土壤形成团粒结构,改善土壤排水性和透气性。三是稳定地温,保持水土。夏季高温时,绿肥作物可遮阴降温,减少地表太阳辐射量;冬季绿肥有利于柑橘防寒。此外,种植绿肥作物还可防止水土流失。四是增强树势,提高产量。在柑橘园内种植绿肥作物可培肥地力,促进植株生长结果,提高产量。

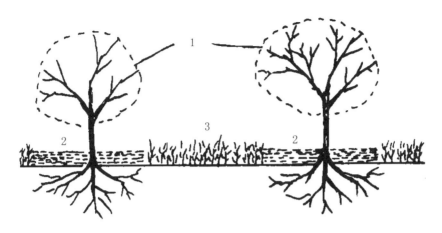

图4 柑橘园绿肥种植
1.树冠　2.树盘覆草　3.绿肥种植

 柑橘园间种绿肥的种类有哪些?

间种的绿肥应选择适应当地气候和土壤条件,肥效高,不妨碍柑橘生长、与柑橘无共生性病虫害的作物。适宜橘园种植的绿肥种类,冬季绿肥(秋播春翻)主要有肥田萝卜(满园花)、油菜、燕麦、黑麦、紫花豌豆、箭舌豌豆、苕子、黄花苜蓿、紫云英、蚕豆等。夏季绿肥主要有印度豇豆、大叶猪屎豆、豇豆、饭豆、绿豆、竹豆等。在间种绿肥时,应以冬季绿肥为主,冬、夏季绿肥相结合。新垦红壤橘园的绿肥以满园花、黑饭豆、燕麦最理想。在橘园绿肥的安排上还应因地制宜考虑多年生绿肥和多性能绿肥。

 柑橘园生草栽培有哪些好处?

柑橘园生草栽培是在柑橘树的行间或树盘外生长草本植物的一种土壤管理方式。生草栽培通常有自然生草栽培(铲除秆高根深的杂草,留秆矮根浅的杂草,让其自然生长)和人工种草栽培(如栽培百喜草、黑麦草、鸭茅草、紫云英等)两类。生草栽培具有良好的生态效应:减少水土流失;缓冲果园的温度和湿度变化,有效改善果园生态环境;增加土壤有机质含量和提高土壤肥力、防止土壤板结、增加土壤通透性;同时促进柑橘果实着色和成熟,提高产量和品质等。

 除草剂的种类及其使用要点有哪些?

除草剂种类众多,按除草作用可分为选择性除草剂和非选择性除草剂(灭生性)。选择性除草剂指在一定环境条件与用量范围内,能够有效地防治杂草,而不

伤害作物以及只杀某一种或某一类杂草的除草剂。非选择性除草剂又称灭生性除草剂,对杂草和作物均有伤害作用。常用除草剂有:①百草枯,一种快速灭生性除草剂,在土壤中迅速与土壤结合而钝化,对植物根部及多年生地下茎及宿根无效。②草甘膦类,是一种非选择性除草剂,草甘膦是通过茎叶吸收后传导到植物各部位,其药液呈酸性,长期使用,容易造成土壤酸化板结。③敌草快,是一种吡啶类广谱速效触杀型除草剂,比百草枯药效更快,容易对幼树造成药害。④草铵膦,为磷酸类非选择性触杀型除草剂,短期内会被土壤分解,广泛适用于果园等防除双子叶杂草和禾本科杂草,草铵膦对果树、土地影响小,易分解,基本没有残留。

43 土壤改良措施有哪些？怎样确定合适的改良方案？

土壤改良措施主要有深翻熟化、增施有机肥、生草栽培、地面覆盖、添土改良沙地、加沙改良黏土等。柑橘园土壤改良方案,应根据柑橘对土壤的需求,向土层深厚、有机质丰富、肥力较高、土壤呈微酸至中性反应、土壤质地疏松、通透性好、不积水等方向发展。

(1) 深翻熟化改良。对于有效土层浅的果园,深翻熟化改良下层土壤非常重要,深翻同时增施有机肥,效果更明显。根据树龄、栽培方式等具体情况采取不同方式,以下两种方式最为常用:①深翻扩穴。多用于幼树、稀植树和庭院果树。幼树定植后沿树冠逐年向外深翻扩穴,直至树冠下和株间全部翻完为止。②隔行深翻。用于成行栽植橘园、密植橘园和等高梯田橘园。每年沿树冠隔行成条逐年向外深翻,直至行间全部翻完为止。

(2) 不同类型土壤的改良。①黏性土。一是增施有机肥时优先选用纤维成分高的作物秸秆、稻壳等混入;二是培土掺沙,混合沙性土量高的肥土。②沙性土。"填淤"结合增施纤维成分少的有机肥,掺入塘泥、河泥以及牲畜粪便。③水田转化橘园。如果排水通畅,只须深翻;如果排水不畅,通常进行起垄抬高栽植。

(3)主要劣质土壤改良。①红黄壤橘园。黏土掺沙、增施有机肥、种植绿肥、避免使用酸性肥料、施用磷肥和石灰等措施。②盐离子浓度超标土壤橘园。引淡水洗盐(在果园开排水沟,定期灌溉)、中耕切断土壤表面毛细管、地表覆盖、增施有机肥等措施。

44 幼年柑橘园的土壤管理包括哪些内容？

幼年柑橘园土壤管理包括:

(1)扩穴熟土。挖环状穴、平行穴或放射穴,穴宽 30 厘米,深 40 厘米,长 100 厘米以上,并与上一环穴相接。分层填入秸秆或绿肥,回填时混入有机肥。

(2)行间间作。行间间种绿肥或牧草,也可在树冠滴水线 30 厘米以外的行间间种豆科作物,以增加土壤微生物丰度和活性,提高根区生态平衡和抗逆能力。

(3)地面覆盖。树冠滴水线外30厘米以内的树盘,夏季用杂草、作物茎秆、糠壳、锯末等材料覆盖,冬季用黑色塑料膜覆盖,保湿保温。

45 如何对初结果树的土壤进行管理?

初结果树的柑橘园土壤管理包括:

(1)深翻扩穴。在秋梢停长后,在树冠外围的滴水线外进行,深度以50～80厘米、宽度40厘米左右为宜。分层回填压埋绿肥,混入有机肥,回填时表土放中层,心土放上层。更新复壮根系,延长盛果期。

(2)中耕除草,生草栽培。中耕时,深度以10～15厘米为宜,大雨前严禁中耕松土,以免引起水土流失,每年1～2次即可。秋冬季节以间种黑麦草、蚕豆、豌豆为主,春季间种百喜草、藿香蓟、紫花苜蓿等,将间作作物适时刈割翻埋或覆盖于树盘,增加土壤有机质和土壤微生物。

(3)覆盖与培土。高温或干旱季节来临前,可对树盘或全园地表覆盖稻草、麦秆、玉米秸秆、绿肥、杂草等,覆盖厚度10～20厘米,与主干保持30～50厘米的间距,达到土壤降温保湿的效果;秋季中耕或深翻时再将腐烂的覆盖物埋入土中,提高土壤通透性。

46 柑橘施肥的原则是什么?

柑橘施肥应该遵循以下几大原则:

(1)根据树龄、树势、产量施肥。在施肥上要注意年龄时期的变化,幼年树、初结果树、壮年结果树,对肥料的需求量各不相同,要根据树龄、生长势和数量,合理确定施肥量,坚持"少食多餐"原则。

(2)根据物候期施肥。物候期不同,对养分的需要也有差别,因此要注意按物候期和果树长势科学施肥。

(3)根据品种施肥。柑橘品种不同对肥料的需求也有差异,通常晚熟品种比早熟品种需肥量大。

(4)根据肥料种类性质施肥,提高肥料利用率。一般有机质肥料,或生物菌肥,要开沟深施,培养水平根系深扎,复合肥料一般开沟浅施比较方便,不要表面撒施,容易造成浮根,容易受外界影响。

(5)根据气候施肥。土壤干旱时,最好淋水或淋施水肥后,再追施化学肥料;连续降雨,土壤含水量过高时,开沟追施颗粒型肥料。

(6)根据土壤条件施肥。冲积土较疏松肥沃,有机、无机肥料均宜;红壤土、黄壤土等质地紧实,以多施深施有机肥料为主,化肥为铺。

(7)根据叶片及土壤分析结果科学施肥。根据叶片及土壤的养分状况,以及果树不同生长发育时期对养分的需要指导施肥。

47 幼年树的施肥如何进行?

柑橘幼年树施肥的目的是促进枝梢速生快长,培育健壮枝条,迅速扩大树冠,为早结、丰产打下基础。柑橘幼树根系少而嫩,分布浅、吸肥量少,不耐浓肥,因此柑橘幼年树施肥应该施足有机肥,培肥土壤,勤施薄施氮肥,配施适量的磷、钾肥。氮肥主攻春梢、夏梢、秋梢三次梢,特别是5—6月攻夏梢,夏梢生长快而肥壮,对扩大树冠起很大作用。一般全年施肥8～10次,每次新梢抽生前后15天左右各施1次,新栽的幼树要求3月至8月上旬每月追肥1～2次,从8月中旬至10月上旬停止施肥,严控晚秋梢和冬梢抽出生长,11月上旬结合扩穴埋施过冬肥,通常12月至翌年2月初幼树冬季休眠期,一般不施速效氮肥,有机肥料可在春梢萌发前施用。随着柑橘树龄的增加,树冠不断扩大,施肥量应逐年增加,同时配施适量的磷、钾肥。

48 一年对初结果树进行哪四次施肥?

柑橘初结果树,树冠逐渐增加,一年四季都需要充足的肥水供应才能满足萌芽、抽枝、开花和果实发育的要求。因此一年需要对初结果树施发芽肥、保果肥、壮果肥、采果肥四次肥。

(1)发芽肥。一般萌芽20～30天(即2月底至3月上旬)施肥,以氮肥为主,可促春梢抽生、花芽分化,占全年用肥量20%左右。

(2)保果肥。5月中下旬至6月上中旬施保果肥,在谢花时增施速效氮肥,同时补施磷、钾、镁肥,有利于幼果形成,提高坐果率。

(3)壮果肥。8月下旬施壮果肥,以氮肥为主,配施磷、钾、钙、硼,可促进果实膨大,促进秋梢发育,改善果实品质,提高贮藏性能。

(4)采果肥。采果前后施采果肥,以迟效肥为主,配施速效肥,磷、钾肥稍多,氮肥稍少,采前施不宜过早,宜在果实采摘前10天左右施下,采果后的冬肥一般应占全年用肥量35%左右。采果肥有利于恢复树势,增强抗寒性,为翌年抽梢及花芽分化作保障。

49 成年柑橘园的施肥方法有哪些?

(1)土壤施肥。①环状施肥法[图5(a)]。平地幼龄果园在树冠外缘投影处开环状沟;缓坡地果园,可开半环状沟。但此种方法在挖沟时易切断水平根,而且施肥面积小。②放射沟施肥法。根据树冠大小,沿水平根方向开放射沟4～6条。此方法施肥面积大,且可隔年隔次更换施肥部位,扩大施肥面,促进根系吸收,适用于成年果园。③条状沟施肥法。在果树行间开沟(每行或隔行)施肥,也可结合果园深翻进行。④钻孔施肥法。视树体大小,在柑橘树的地面四周(树冠滴水线下)向下钻直径30厘米、深60～100厘米的施肥孔4个以上,并在孔口加上石头、草等盖子,每次施肥时只要打开盖子即可。⑤集中施肥法。11月沿树冠外围挖深、宽各50厘米的槽或大穴,施足有机肥和少量的无机肥,肥料施入后立即回填并灌足水,施肥量占全年的60%～70%。第二次施肥于翌年的5月上旬轮换方位施足保果肥,肥料以有机无机肥各半混合施,施后回填,灌水,覆草,施肥量占全年的30%～40%。

(2)叶面施肥。叶面施肥又称根外追肥,是把营养物质配成一定浓度的溶液,喷到叶片、嫩枝及果实上,15分钟后即可被吸收利用。叶面施肥是一种简单易行、用量少、利用率高、肥效发挥快的施肥方法,但是不能代替土壤施肥,只能作为施肥的一种补充。

叶面施肥吸收水分主要是在水溶液的状态下渗透进植物组织,喷布的浓度不能过高。应选择在阴天或晴天无风的上午10时以前或下午4时以后进行。喷布一定要均匀,如遇下雨,则应补喷。

(3)肥水一体化[图5(b)]。肥水一体化是集灌溉、施肥为一体的现代技术的集成应用,也是现代果园建设和发展的一种方向。此方法施肥时肥料的利用率较高,根系吸收快,节约劳力。

(a)环状沟施　　　　　　　(b)肥水一体化

图5　不同施肥方法

 什么是整形修剪?

整形修剪是实现柑橘高品质栽培最有效的措施。整形是将树体逐步培养成具有合理的枝梢配备和通风透光条件的丰产树形的技术;修剪是综合利用短截、回缩、

疏枝等方法来调节树体生长和结果间的平衡,使之丰产稳产的优质的技术。整形是通过修剪来实现的,而好的树形有利于修剪变得简单,两者密切相关。正确的整形修剪能促使树体形成丰产树冠,实现通风透光,保持树体健壮,调控生产大小年,生产优质果、精品果,减少病虫危害。

 柑橘修剪的原则是什么?

(1)根据树种和品种特性修剪。柑橘不同品种生长及结果习性不尽相同,修剪方法也各异。例如,温州蜜柑早熟品种比中晚熟品种树势弱,修剪时应以短截为主,保持生长势。

(2)根据树龄及树势修剪。树龄不同,修剪方法不同,幼年树以整形为主,轻剪为辅;初结果树以短截修剪为好;盛果树以应轻重结合;老龄衰老树应注重回缩,促进更新复壮。树势弱的要轻剪,少短截;树势强的则相反。

(3)根据立地条件和管理水平修剪。立地条件应综合考虑地势、土壤、气候等条件,山地橘园树冠宜低,平地橘园树冠宜抬高;土层深厚、温度高、雨水多,应采用缓势修剪,反之应促势修剪;修剪需要与管理配合,如衰弱树修剪应当与肥水及病虫害管理措施配合。总之,柑橘的修剪需要长远规划、全面安排;因枝修剪、随树作形,均衡树势、主从分明,轻重结合、综合应用。

 柑橘修剪的时期分为哪两个?

柑橘修剪的时期分为冬季修剪和生长季修剪。

(1)冬季修剪。采果后至春季萌芽前期的修剪,修剪越早,促梢作用越明显。冬季无冻害的产区,修剪越早,效果越好。有冻害的产区,通常在早春温度回升后的2月下旬至4月中旬进行,可根据树势及结果状况或早或晚。树势强,延迟修剪;树势弱,早修剪。当年为大年,早修剪,小年则晚些修剪。

(2)生长季修剪。春梢抽生后至采果前整个生长期的修剪。此时的修剪可明显促进结果、母枝生长及花芽分化,提高坐果率,复壮更新树势。生长季修剪可分为3种:①春季修剪。主要是春梢抽生现蕾后进行复剪、疏梢、疏蕾等,并疏去部分强旺春梢,调节梢果比例,减少落花落果。②夏季修剪。初夏第二次生理落果前后的修剪。不同树龄,夏季修剪方法不同,幼年树抹芽放梢,结果树抹夏梢保果,长夏梢摘心,以及拉枝、扭梢、揉梢,促保果、复壮和维持生长势。③秋季修剪。指的是定果后的修剪。包括适时放梢、夏梢秋短及秋疏大枝等措施。

 **为什么要进行根系修剪? 怎样开展断根作业?**

对柑橘树进行根系修剪,能促进根系的扩大和引根下扎,改善根系生态环境,

有利于树势恢复,扩大树冠,从而提高柑橘产量和改善品质,是柑橘保持优质高产、稳产的技术措施。7月中旬至8月中旬,外界条件较适宜根系生长发育,根系正值生长高峰期,根系断根处理后伤口愈合迅速,很快就发出一批新根。断根作业具体措施如下:

(1)每年7月中旬至8月上中旬,以树冠滴水线为界,在树冠相对的两侧各挖一条条状断沟。沟长80~100厘米,深25~40厘米,宽以能切断根系为准。

(2)在断根沟内每株施入青绿肥或渣泥肥20千克,尿素0.3~0.5千克,过磷酸钙0.8千克,人畜粪30~50千克,兑水施入沟内,最后覆土填平即可。有条件的可施75%有机质的微生物菌剂加0.5~1.0千克复合肥。

(3)断根直径在2厘米以下,较粗大的根则用刀砍齐伤口,并在伤口处敷上火烧土。第二年按同样办法在树冠相对的另外两侧挖断根沟一次。

 柑橘幼树的修剪如何进行?

柑橘从幼苗定植后到有少量结果前的时期称为幼树。柑橘幼树的修剪目的是促进树冠迅速扩大,培育树体骨干枝。所以柑橘幼树应在整形的基础上,适当轻剪,主要是对主枝及副主枝的延长枝进行短截和疏剪,其余枝梢应尽量轻剪或不剪留作辅养枝。

(1)柑橘定植苗木阶段。定植时不宜疏除较多枝梢,定植后,在夏季进行抹芽放梢1~2次,促抽生夏梢、秋梢充实树冠。

(2)柑橘定植苗木长至2~3年生幼树。选定生长势和角度较好的枝梢作为主枝培养,1/3处中部短截让其抽梢生长,对邻近竞争枝进行疏除或削弱,对其他中小枝保留当作辅养枝。

(3)幼树长至3~4年后。应继续保持较少修剪量促提早结果,注意主侧枝的配备,短截延长枝配合弯枝等手段让其形成较好的分布和分枝角度,对其他主侧枝的竞争枝进行疏除或者削弱成辅养枝。

 柑橘初结果的树应怎样修剪?

柑橘初结果树是指柑橘幼树开始结果到盛果期前的树。结果初期树冠仍在扩大,产量逐年增长,初结果树的修剪任务主要是尽快培育树冠成形,提高产量。因此修剪应以结合整形的轻剪为主,在主枝上逐步形成侧枝,再在侧枝上形成结果枝组,及时回缩衰退枝组。侧枝的配备原则以侧枝的枝龄较主枝晚1年以上、枝组较主枝晚2~3年为宜。修剪的具体方法如下:

(1)短截培育主侧枝。短截主侧枝的延长枝头,促其分枝延伸,摘除或带萼片剪除其上果实放秋梢,让其少结果使之增粗。

（2）保留辅养枝。将辅养枝培养成主要的结果和产量形成部位,减少对主侧枝的干扰。

（3）侧枝上的结果枝组大部分形成后,转移结果部位至主侧枝,清理过多或位置不好的辅养枝,疏除或缩小辅养枝分布范围。

 柑橘盛果期的树应怎样修剪？

盛果期的树冠已达到应有的大小不再扩大,修剪的主要目的是维持丰产树形,及时更新衰退枝组。盛果期树的主侧枝已配备完成,着生在其上的结果枝组及辅养枝是修剪的重点,同时协调大小年的修剪,也是盛果期修剪的重要任务。

（1）结果枝组的修剪。结果枝组容易衰退,每年轮流交替短截回缩或疏除 1/3 结果枝组,以更新复壮结果枝组。

（2）辅养枝的修剪。树冠扩大后,其内部及下部的辅养枝光照不足,结果后枝条衰退,应逐年疏除以更新。

（3）协调大小年修剪。大年树修剪,春季修剪要早,修剪方法以短截为主,以促抽发翌年的结果母枝;小年树修剪,以轻剪促进多坐果的原则,在春季修剪时期较晚削弱其抽梢能力,修剪方法以疏枝、弯枝为主,抑制枝梢旺长而产生的梢果矛盾,促进坐果。

 柑橘衰老的树应怎样修剪？

结果多年的老树,树势开始衰老,枝梢枯弱,结果很少,必须进行更新复壮。若衰老树主干大枝尚好,具有继续结果能力的,可先更新根系,方法是在树冠更新前一年 7—8 月断根并增施有机肥或压埋绿肥。树冠更新方法应根据树的衰老程度决定:

（1）局部更新。结果树刚开始衰老,部分枝组衰退,尚有部分结果的,可在 3 年内每年轮换压缩修剪 1/3 枝组,更新树冠。

（2）中度更新。树势中度衰老的老树,结合整形,缩减或锯除 5～6 级枝,剪除全部侧枝和 3～5 年生小枝组,剪除多余主枝、重叠枝、交叉枝。

（3）重度更新。树势严重衰退的老树,在距地面 80～100 厘米高处的骨干大枝上选取主枝完好、角度适中的部位锯除,待新梢萌发后抹芽 1～2 次放梢,疏除位置不当的枝条,每段留 2～3 条新梢,过长时摘心,重新培育树冠骨架。

 柑橘生长需要哪些营养元素？

柑橘生长发育所需的营养元素共 16 种, 这些营养元素主要有 9 种大量元素（碳、氢、氧、氮、磷、钾、钙、镁、硫）,7 种微量元素（铁、锰、锌、硼、铜、钼、氯）。其中碳、氢、氧三种元素主要来源于空气和水,其他 13 种元素主要来源于土壤。土壤中一般比较缺乏氮、磷、钾三种元素,所以通常把氮、磷、钾称为"肥料三要素"。根据柑橘对这些元素的需要量,除氮、磷、钾为肥料三要素外,钙、镁为大量元素,在柑橘的生长及构成中起着重要作用,7 种微量元素中铁、锰、锌、硼等对果树的作用也非常重要,较其他元素更易引发缺素症。当树体缺少某些营养元素时,就会产生种种生理障碍,出现缺素症,严重影响产量和品质。

 柑橘果实品质的组成要素有哪些?

柑橘果实品质是由多因素构成的复合体,包括外观品质、风味品质、营养品质等。外观品质主要是指果实的大小、形状、色泽和外表缺陷等;风味品质是指果肉的甜、酸、苦、涩味、香气,以及汁液、果实硬度、果肉脆度、化渣程度等;营养品质包括可溶性固形物、可溶性糖、有机酸、维生素C、矿物质和其他对人体健康有益成分的含量。通常所说的柑橘内在品质主要指其风味品质和营养品质。

 影响柑橘外观品质的主要因素有哪些? 如何提高?

柑橘外观品质包括柑橘果实的大小、形状、色泽和外表缺陷等,柑橘的外观品质与遗传因素、环境条件、营养条件、栽培管理措施等因素有关。遗传因素是决定果实外观品质的首要因素,包括接穗种类和品种及砧木的遗传背景。柑橘外观品质的提高措施主要有:

(1)选择优良接穗品种和砧木,并秉持适地适栽的原则。为不同品种选择不同的适宜种植区及在特定的种植区选择符合要求的适栽品种。

(2)加强树体营养成分的供给和分配,主要通过合理施肥、灌溉、授粉、保花保果、疏花疏果、修剪、环割、病虫害防治等栽培管理方式来实现。如增施有机肥和合理施用复合肥,平衡树体营养;柑橘第二次生理落果结束后,疏除畸形果、小果、病虫果和过密果;果实套袋和及时摘袋,地面覆反光膜增光着色,防止病虫害、药害、日灼、风害等损害果面。

 影响柑橘内在品质的主要因素有哪些? 如何提高?

柑橘的内在品质包括柑橘果实风味品质和营养品质,柑橘果实糖分、有机酸含量和比例是决定柑橘内在品质的重要因素。影响柑橘糖、酸含量等内在品质的因素主要有遗传因素、环境条件(温度、光照、水分、土壤养分等)、栽培管理措施等。柑橘内在品质的调控措施主要有:

(1)适时灌水与控水。干旱季节及时适量灌水,柑橘进入转色成熟期后适度控制果园水分,如地面或树冠覆膜,有利于果实干物质积累,提高糖度和风味。

（2）合理培肥管理。增施有机肥和合理施用复合肥,平衡树体营养,改善内质,增糖降酸。

（3）适时整形修剪。适当的整形修剪可以保证整个树冠内部的光照充分,减少树体养分消耗,提高果实养分积累。

（4）适时采收。柑橘果实达到一定的糖酸比才能采收应市,早采果实通常酸含量较高、糖分含量较低,一般在一定的时间内延迟采收可提高果实糖分含量及降低果实酸含量。

（5）及时搞好病虫害绿色防控。被病虫害危害的果实味酸味苦味涩,严重的果肉一空,只剩残汁余渣。

 62 柑橘病虫害防治的基本策略是什么？

柑橘病虫害防治必须贯彻落实"预防为主,综合防治"的植物保护工作方针。"预防为主"是指在病虫害大量显著危害之前,通过恶化病虫发生危害的环境条件、消灭病虫来源降低发生基数等方式来控制病虫害在足以造成柑橘损害的数量水平之下。"综合防治"一般包括植物检疫、农业防治、生物防治、物理防治和药剂防治五大类。

 63 柑橘病虫害防治的基本方法有哪些？

柑橘病虫害防治的基本方法包括植物检疫、农业防治、生物防治、物理防治、化学防治。植物检疫是立高见远的宏观措施,能有效阻击或延缓、减轻重大病虫害的传入与扩散,具有法律的强制性。对于柑农而言,必须规范引种、依法引种,自觉抵制疫情传播。农业防治是指在柑橘栽培过程中运用农业栽培措施,有目的地改良柑橘生长发育的环境条件,使外界环境不利于病虫的发生。生物防治是利用有益生物及其产品防治有害生物的方法。物理防治是借助物化信息、器具、设备等,人为地消灭或减轻有害生物危害的系列措施,如性诱、色诱、食诱、灯诱等,同时包括人工摘除等。化学防治是指运用化学药剂控制柑橘病虫害的发生。

 64 生物防治与化学防治各有什么优缺点？

生物防治对环境污染小,能有效地保护天敌,发挥持续控灾作用,缺点是见效慢。

化学防治投入少见效快,能有效及时地控制突发性、暴发性病虫害,缺点是长期使用易产生药害和抗药性,污染环境,杀伤天敌。

柑橘病虫害农业防治主要有哪些措施？

主要有以下几种：

(1)品种选育与优选。根据自然条件,因地制宜,选择抗病、优质、耐贮运、商品性能好、口感好且适合市场需求的优良品种。

(2)土层翻耕。在冬季采果后,翻耕土壤表层,深度在8～15厘米,降低病虫源。

(3)肥水控管。根据土壤墒情,及时排灌;开沟施肥,配方施肥,增施有机肥。

(4)果园控草。有杂草的果园,可以选择果园自留草,春、夏季根据杂草习性,除掉秆高根深杂草,保留秆矮根浅杂草,确保果园杂草在30厘米以下;果园无草应人工种草。适宜的杂草可供果园敌害天敌取食和栖息。

(5)整形修剪。根据柑橘品种特性,合理整形修剪,保证树冠通风透光,抑制和减少病虫害。

(6)清洁果园。果实采收后,及时将病枝、病叶、病果清理干净,集中进行无害化处理,保持果园清洁。

(7)在果园风口方向种植防护林。

 柑橘病虫害物理防治主要有哪些措施？

主要有以下几种：

(1)灯光诱杀。利用灯光引诱趋光类害虫,如潜叶蛾、吸果夜蛾、金龟子、卷叶蛾等成虫。

(2)食物诱杀。利用趋化性防治害虫,如利用糖醋液(敌百虫红糖诱杀剂)挂瓶诱杀柑橘大实蝇、桃蛀螟、卷叶蛾等害虫。

(3)色板诱杀。如用黄板诱杀蚜虫、粉虱、蚧类等。

(4)人工捕杀。一是直接人工捕捉害虫,如人工捕捉天牛、蚱蝉、金龟子等;二是在果园中分散种植害虫中间寄主,当害虫达到一定量时集中消灭。如在吸果夜蛾发生严重的地区,可种植中间寄主,引诱成虫产卵,再用药剂杀灭幼虫。

 农业防治病虫害有哪些措施？

农业防治是减轻病虫危害程度的第一道屏障。

(1)科学修剪,防止树冠郁闭。果园栽植过密,成园后树冠密闭交叉,利于病虫害的滋生繁殖,且防治难度大。通过合理、科学修剪,防止树冠郁闭,使树形呈开窗型以利于通风采光,不利于病害的滋生繁殖,提高光合作用效率以及果实内养分的积累。

(2)均衡施肥,避免偏施氮肥。通过配方施肥,均衡施肥,减施氮肥,调节树体营养,增强树势,提高抗病能力,进而提高果品质量。

(3)疏通排灌,防止根系缺氧。地势低洼、积水多容易造成病虫害的重发生,加强排灌设施建设,降低湿度,控制病害的发生。新建园最好起垄栽植,同时根据地势挖排水沟。

(4)改善果园生态环境。采用生草栽培改善果园生态环境,为天敌营造良好的生存环境,可以有效地控制和减轻病虫害的发生。

68 为什么说柑橘冬季清园很重要?

危害柑橘的绝大多数病虫害,随着冬季气温降低而逐渐到果树的皮缝、伤疤、枯枝、落叶、落果或土壤中潜伏越冬。越冬期,病虫活动范围小或根本不活动,活动范围比较固定,物理防治十拿九稳,手到擒来;越冬期,病虫害不增殖,杀一个少一个,防治上立竿见影;越冬季,病虫害活性小、抗性弱,药剂防治效果好。综上所述,冬季清园可以达到以一当十的功效。冬季清园到位的果园,早春可以少用 1 ～ 2 次甚至 2 ～ 3 次药,这是加强冬季防治的根本原因。

69 冬季清园有哪些规范性动作?

冬季清园有 4 个动作,即修剪、刷白、清扫、喷药,具体内容如下:

(1)修剪。已采收完果实的橘园结合冬季修剪清除果树枝梢上的介壳虫、粉虱、蚱蝉,溃疡病、疮痂病、树脂病、炭疽病等病虫枝叶,集中深埋或移出果园外烧毁。

(2)刷白。对 50 厘米以内的主干和 20 厘米以内的一级分枝,以涂白剂刷白。刷白前环视果树一周,检查主干受害情况。如有流胶、虫眼虫粪等,应先作刷前处理。轻病树,用利刀刮净病部;重创树,迅速移出果园烧毁;虫蛀树,用铁丝掏出虫体,用药棉封杀虫孔。

(3)清扫。对修剪后的残枝枯叶及地面的落叶落果,进行一次全园大清除,并将病残组织带出园进行无害化处理。

(4)喷药。采后 2 周,树体中水分基本处于平衡状态后,选风清日明天气,以杀螨剂＋ 150 ～ 200 倍矿物油混合液全园喷雾,可达到压低病虫基数的目的。2 ～ 3 周后,再喷 1 ～ 2 次石硫合剂或波尔多液。

70 什么是柑橘病虫害绿色防控技术?

柑橘病虫害绿色防控技术是遵循生态优化型、环境友好型、植物健壮型、果品安全型、人体健康型的原理,采取的一系列防虫治病的综合措施。其宗旨是在尽可能地减少农药残留、保护农业生态、促进果品安全、保护人体健康的前提下,科学防控有害生物。绿色防控技术是低残留少污染措施的集成技术体系,不能单而言之,要与统防统治模式融合起来才能发挥最大效益。常用的技术有农业健康栽培技术、灯光诱杀(图6)、色板诱杀、天敌释放、性激素诱杀及各种机械物理措施。

图6　灯光诱杀技术实例

 柑橘病害按侵染源划分,有几大类型?

柑橘在生长期间或贮藏、运输过程中,由于环境条件不适宜或遭受其他生物的侵染,常会发生各种病害。根据发病原因常把柑橘病害分为两大类,一类是非生物因子所引起的病害,如营养元素缺乏或过多,水分供应不调,温度急剧变化引起过高或过低,空气中有毒有害物质,农药使用不当等;非生物因子所引起的病害不能相互传染,所以称非传染性病害。另一类是生物因子引起的病害,如真菌、细菌、病毒(类菌原体、类病毒)、线虫、寄生性低等植物,它们能相互传染,称传染性病害。

 柑橘常见病害有哪些?

柑橘树常见的传染性病害主要有黄龙病、溃疡病、衰退病、裂皮病、碎叶病、萎缩病、疮痂病、炭疽病、树脂病、脚腐病、流胶病、烟煤病、苗期立枯病、根结线虫病等。

柑橘贮藏期常见的传染性病害主要有绿霉病、青霉病、褐色蒂腐病、黑色蒂腐病、黑腐病、酸腐病等。

柑橘常见的非传染性病害主要有缺素症(缺氮、缺钾、缺钙、缺镁、缺硼、缺锌、缺锰、缺铁、缺铜、缺钼）、元素中毒症、自然灾害损伤（水害、旱害、冻害、霜害、冰雹创伤等）、外界环境不适症（如雾害、风害、光害、日灼病、裂果病、枯水病等）、机械损伤症（如油斑病）、大气污染症等。

 73 什么是柑橘黄龙病？如何防治？

柑橘黄龙病是柑橘生产上具毁灭性的病害，发病幼树一般在 1～2 年内死亡，老龄树则在 3～5 年内枯死或丧失结果能力。病害大流行时，往往使大片橘园在几年内全部毁灭。发病初期，植株新抽出的枝梢叶片在接近老熟时停止转绿，在树冠顶部形成明显的"黄梢"。受害的叶片主要表现有 3 种类型症状：斑驳型、均匀型黄化和花叶型。斑驳型是黄龙病最典型的症状，主要表现为叶片从基部和侧脉附近开始，逐渐褪绿成黄色或浅黄色，并继续向上部和中间扩展形成不规则黄斑，整个叶片呈现不均匀的黄、绿相间的不对称斑块。均匀型黄化一般多出现在初发病树的夏梢、秋梢上。抽出新梢后新叶在转绿的过程中停止转绿，表现均匀黄化，感病后期病叶容易脱落。花叶型则是病枝上抽出的新叶，一般表现为小而尖、叶脉及叶脉附近青绿、脉间组织黄化或褪绿，呈现花叶症状。发病初期花早而多，大多数花细小、畸形，花瓣多而短小肥厚，柱头突出于花瓣之外，颜色较黄，且容易脱落，常形成无叶花穗。发病初期果实一般不表现典型症状，当病害发展到一定程度后果形变小，成熟较早，坐果率低，果皮粗且厚，无光泽，果皮与果肉紧贴不易剥离，果轴变歪，果汁少，种子败育。橘类在成熟期常表现为蒂部深红色，底部呈青色，俗称"红鼻子果"（图 7），橙类表现为身长或畸形，果皮坚硬、粗糙，一直保持绿色，俗称"青果"。

图 7　橘类黄龙病症状（"红鼻子果"）

防治方法：①加强检疫，禁止带病的接穗、苗木进入柑橘产区。②采用必要的农业措施，建立无病毒苗圃，培育无病毒苗木。③加强栽培管理，保持树势健壮，提高耐病能力。④及时挖除病树销毁。⑤化学防治,及时防治柑橘木虱,第一次喷药时间应在新芽初露期,药剂可用 10% 吡虫啉可湿性粉剂 2 500 ～ 3 000 倍液。

74 如何识别柑橘衰退病?如何防治?

在柑橘衰退病的识别上要把握三大症状特性:一是速衰性,二是茎陷点性(图 8),三是黄化性。速衰性:病枝少生或不抽生新梢,老叶失去光泽,出现灰褐色或各种缺素状黄化,主、侧脉附近明显黄化,逐渐脱落;病枝从上往下枯死,有时病叶突然萎蔫;病树凋萎,明显矮化。茎陷点性:受害枝、干的木质部出现凹陷点和凹陷条沟,叶脉上显黄色透明节斑,或局部木栓化;枝碎易折,树弱果小。黄化性:被害苗木黄化,新叶出现类似缺锌症状,黄化部分中间常留有近圆形小绿岛。

柑橘衰退病多危害葡萄柚和酸橙砧木的甜橙及宽皮柑橘,是一种毁灭性的病害。

防治方法:①加强检疫,引进苗木要严格检疫,防止带病的柑橘苗木进入产区。②发现感病植株,彻底挖除,将病残组织烧毁干净后,每 667 平方米用生石灰 50 千克进行土壤消毒。③健康果园注意防治蚜虫,预防带毒蚜虫传染病源。可交替使用以下药剂:0.3% 苦参碱水剂 800 倍液,0.3% 印楝素乳油 1 000 倍液,3% 啶虫脒微乳剂 2 000 倍液,10% 吡虫啉可湿性粉剂 2 500 ～ 3 000 倍液,8% 丁硫啶虫脒乳油 2 000 倍液等。

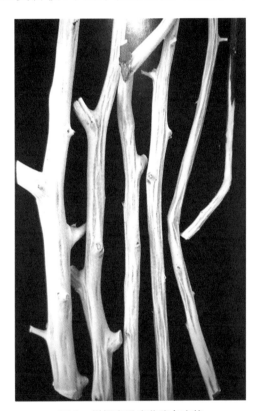

图 8　柑橘衰退病茎陷点症状

75 柑橘溃疡病有哪些特征?如何对该病进行确诊?

柑橘溃疡病是重要的检疫性细菌性病害,危害柑橘的叶片、枝梢和果实。

(1)叶片。叶片受害初期,在叶背面出现微点状黄色或暗黄色油浸状褪绿斑点,后逐渐扩大透穿叶肉,在叶两面不断隆起,成为近圆形木栓化的灰褐色病斑。病斑中部凹陷,裂似火山口状,周围有黄色晕环,少数品种在晕环外有一圈褐色釉光边缘。

(2)枝梢。枝梢上的病斑比叶上病斑更为凸起,木栓程度更重,圆形、椭圆形或

聚合成不规则形,病部多数环浸枝茎,病斑色状与叶部类似。

(3)果实。果实病斑中部凹陷开裂和木栓化程度比叶部更显著,病斑一般大小为 5 ~ 12 毫米。初期病斑呈油泡状半透明凸起,浓黄色。其顶部略皱缩。叶片和果实感染溃疡病后,常引起大量落叶落果。

溃疡病的诊断上把握住三大特征:一是病斑在叶片上表现出二面隆起的特性,即在叶片的同一点位上,正面病斑隆起,背面病斑也隆起;二是病斑的珊瑚状特性,隆起的病斑凹凸不平,像珊瑚一样高低错落(图9);三是少数病斑开裂呈火山口状。

图9 柑橘溃疡病果实症状(珊瑚突起型)

 柑橘溃疡病零星发生时应该怎样进行防治?其流程是怎样的?

当溃疡病零星发生时,应本着断其一指而保全身的理念,将病株果断砍伐,以绝后患。其砍伐流程按"一砍二刨三捡四烧五消毒六喷雾七置换"程序进行。具体内容如下:"一砍",即砍掉植株地上部分;"二刨",即刨除地下部的所有根系;"三捡",即捡拾干净地面的枝、根、茎、叶、果等病株残体;"四烧",即将带菌的根茎叶果全部烧毁,即烧毁菌源(图10);"五消毒"是指对砍伐区域以生石灰进行消毒处理,每穴施生石灰 0.5 千克,与表土层混拌均匀;"六喷雾"是指对砍伐区域以外与距砍伐外围边界30米以内的健康柑橘树进行铜制剂喷雾,防止健康树被溃疡病菌感染;"七置换"即指砍伐区域 3 年内严禁种植芸香科植物。

图 10　柑橘溃疡病砍伐及焚烧现场

77 柑橘煤烟病有哪些症状？怎样对其进行防治？

柑橘煤烟病又称煤污病、煤病，在全国柑橘产区发生极为普遍，是一种由多种真菌引起的病害。

（1）症状。煤污状物体覆盖在柑橘叶片、枝梢、果实表面，严重阻碍柑橘树体的光合作用，削弱树势，开花少，果品低劣。开始时在叶片、枝梢或果实表面出现灰黑色的小霉斑，以后逐渐扩大，最后形成灰色、暗褐色或黑色霉层（图 11）。

图 11　柑橘煤烟病症状

（2）防治方法。①适时防治粉虱、蚜虫、介壳虫等刺吸式害虫。当蚜、虱、蚧等害虫的百叶虫 20～30 头时，立即喷洒内吸性药剂，防止害虫猖獗危害。②当煤污病较重时要立即清除。晴天喷 10～12 倍面粉液或米汤液。面粉液用面粉 1 千克加水 3～4 千克搅匀后放入锅中煮沸即成，使用时按比例加水即可。喷施机油乳剂 200～250 倍液。雨后对叶面撒施石灰粉可使霉层脱落。③加强栽培管理、合理修剪、改善果园通风透光条件，有助于减轻该病的发生。

 柑橘裂皮病有哪些症状？怎样对其进行防治？

（1）症状。受害植株砧木部树皮纵向开裂，部分树皮剥落（图 12），植株矮化，新梢少，开花多，坐果少，后部分枝梢枯死。柑橘被该病毒的弱毒系感染时，仅砧木植株矮化，无裂皮症状。

（2）防治方法。①培育无病苗木。②嫁接刀或修枝剪等工具，可用 1% 次氯酸钠液或 10% 漂白粉水溶液 10 倍液消毒，将工具浸入消毒液或用布蘸消毒液擦拭刀刃部。③实行植物检疫，防止扩散。

图 12　柑橘裂皮病症状

 柑橘褐斑病有哪些症状？怎样对其进行防治？

（1）症状。柑橘褐斑病是一种真菌性病害。发病初期，病叶初生散落圆形褐色小点（图 13），周围有黄色晕环。随病斑扩大，边缘略隆起，深褐色，中部黄褐色至灰褐色，略下陷，外围仍有黄色晕环。病斑圆形或非正圆形，少数愈合成不规则大斑。病斑大小为 3～17 毫米，平均为 5.18 毫米。一叶上有 3～5 个病斑，多的有 10 余个。天气潮湿多雨时,病斑上密生黄褐色霉丛(病菌分生孢子梗及分生孢子),病叶常变褐至黑色霉烂。气候干燥时,病叶常卷曲、焦枯脱落,受害严重时大部分春梢枯死,幼果几乎全部脱落,接近绝产。

图 13　柑橘褐斑病叶片症状(褐点型)

(2)防治方法。①清园除菌。在柑橘春梢萌芽前(即 2 月底前),结合修剪,剪除病枝病叶,并收集烧毁,减少病菌初侵染来源。修剪后要求喷施一次 0.5 ～ 1.0 波美度的石硫合剂。②清沟排渍。强降雨前,畅通果园围沟、腰沟和箱沟,做到沟沟相通,沟沟能排,确保涝雨天气不积水。③科学施肥。偏施氮肥的果园,枝梢嫩绿,最易感染褐斑病病菌。因此,果农应增施有机肥,增施氮、磷、钾复合肥,及时补充钙镁锌铁钼锰等营养元素,以增强树势,提高抗病力。④生石灰救急。长期连阴雨天气,病害发生重,此时又不能冒雨打药。此种情况下,在树冠和地面上喷药外,还可以考虑和树冠撒施石灰,以减少侵染源。⑤药剂防治。防病时间:春秋季节,梢展 1/4 ～ 1/2 时、全展时各喷药 1 次,全年喷药 4 ～ 6 次。即 3—5 月 2 ～ 3 次喷药,6—9 月 2 ～ 3 次喷药,每次相隔 15 ～ 20 天。防治药剂采用保护性和治疗性配合使用。发病前采用大生 M-45、咪鲜胺等保护性杀菌剂,感病期选用可杀得、喹啉铜、速克灵、异菌脲、退菌特、嘧菌酯、肟菌酯或吡唑醚菌酯。

80　柑橘疮痂病有哪些症状? 怎样对其进行防治?

柑橘疮痂病是一种真菌性病害,属痂圆孢菌,主要感病对象为温州蜜柑、蕉柑、椪柑、柠檬等,甜橙类比较抗病,因而该病在宽皮橘产区发病较重。该病主要浸染幼嫩的梢、叶、果,也可危害花萼和花瓣。

(1)症状。①叶片症状。初期病斑呈油渍状黄褐色小圆点,随生长渐变为蜡黄色,后期病斑木质化凹凸。多凹凸病斑比较个性化,一面凹陷如漏斗状,另一面凸起呈圆锥形(图14)。严重时叶片表面粗糙,如树皮爆裂、扭曲变形,且易早落。②新梢症状。受害枝梢如树皮状爆裂,锥形凹起不如叶片明显;枝梢变短而小、扭曲。③花瓣症状。初现油渍状褐色斑点,斑点很快扩展并腐烂,短期内即可脱落。④幼果症状。幼果樱桃大时即可显症,初显褐色小点状斑,过渡呈黄褐色圆锥形,后呈木栓化瘤状突起(图15)。严重时病斑密布,早期落果多。轻度感染幼果,发育不良,果小、味酸、皮厚,或为畸形果,表面粗糙。空气湿度大时,病斑表面能长出粉红色的分生孢子盘。

图14 柑橘疮痂病叶片症状(锥状凸起)

图15 柑橘疮痂病幼果症状(锥状凸起)

(2)防治方法。①压低菌源。冬季和早春季节,结合一年一度的整形修剪,剪除树上病枝病叶病果,捡拾地面落叶落果,并带出园外集中进行无害化处理。②阻止疫情。新开果园采用无病苗木,同时加强蚜虫和潜叶蛾防治,防止病菌带入。③药剂防治。嫩梢嫩叶嫩果期,为药剂防治的关键时间,不能错过。花谢 2/3 时喷第 1 次药,间隔 10 ~ 15 天 1 次,连喷 2 ~ 3 次。药剂可交替使用以下几种:等量式波尔多液、55%硫菌霉威可湿性粉剂 1 000 ~ 1 200 倍液、50%多霉清可湿性粉剂 800 ~ 1 000 倍液、77%可杀得 800 倍液、80%甲基托布津可湿性粉剂 400 ~ 600 倍液、80%代森锰锌可湿性粉剂 600 倍液、30%二元酸铜可湿性粉剂 400 ~ 500 倍液、12%绿菌灵乳油 500 倍液。

81 柑橘树脂病有哪些症状？怎样对其进行防治？

(1)症状。柑橘树脂病因危害时期和危害部位的不同,表现出不同的症状。根据症状特点,一般将树脂病症状分 4 种类型:流胶型、干枯型、黑点型(砂皮型)和树脂型。①流胶型。甜橙、温州蜜柑等品种枝干被害初期,皮层组织松软,有细小裂纹,水渍状,能渗出褐色胶液,并有类似酒糟的味。高温干燥情况下,病部逐渐干枯、下陷,皮层开裂剥落,木质部外露,疤痕四周隆起。②干枯型。在宽皮橘品种上,枝干病部皮层红褐色干枯略下陷,微有裂缝,不剥落,病健部交界处有明显的隆起线,在高温高湿环境下可转为流胶型。病菌能透过皮层侵害木质部,被害处为浅褐色,病健部交界处有一条黄褐色或黑褐色痕带。③砂皮或黑点型。幼果、新梢和嫩叶被害,在病部表面产生众多的褐色、黑褐色散生或密集成片的硬胶质小粒点,表面粗糙,略为隆起,很像黏附着细砂。黑点型或砂皮型是在适宜条件下发生后又受到不适宜环境限制而形成的症状,即树脂型的前期症状。④树脂型。高温高湿天气下,叶片枝条上的黑点型或砂皮型,能快速增殖扩展,大量的分生孢子连成片,越堆越厚,形如膏脂。树脂型是黑点型或砂皮型的严重状态(图 16)。

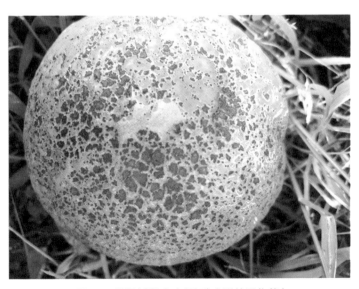

图 16　柑橘树脂病病果(砂皮型的恶化状)

（2）防治方法。①剪除病枝，收集落叶，集中烧毁或深埋。②加强栽培管理，增强树势，提高树体抗病力，注意防冻、防旱、防涝、防冰雹等，特别要加强蛀干类害虫的防治，避免树干伤口，能有效预防树干流胶。③药剂防治。该病起育温度较低，药剂宜早不宜迟，当春梢 0.5 厘米长时用第 1 次药，果实膨大期打第 3 次药。后期视情况决定打药与否。对于已感病的树干，浅刮深刻病部后，即先将病部的粗皮刮去，再纵切裂口数条，深达木质部，然后涂药。药剂推荐如下：50% 托布津或多菌灵 100 ～ 200 倍液，或 80% 乙磷铝 100 ～ 200 倍液，或 25% 甲霜灵 400 倍液，或多效霉素 8 ～ 10 倍液另加 0.002% 2,4-D 钠盐等。

 82 **柑橘炭疽病有几种类型？怎样对其进行防治？**

（1）症状。炭疽病是柑橘产区最为常见的真菌病害，危害范围广，危害时间长。主要危害叶片、枝条、花、果实和果柄，常造成蜜橘和橙类等柑橘品种大量落叶、落花和落果，严重时枝条枯死，果实腐烂。条件适宜区，周年发生危害。柑橘炭疽病因发病时间、环境、部位的不同表现出普通型和急性型两大类型。普通型在叶、枝、果上分别为干疤、枯枝、僵果三种症状，急性型在叶片和枝梗上表现为烫伤状，在果实上表现为泪痕状、软腐状两种。①干疤症状。叶上病斑多出现于叶缘或叶尖，呈圆形或不规则形；病斑浅灰褐色，边缘褐色，其上散生许多黑色小点，排列成同心轮纹状；病健部分界清晰。大果受害也会呈干疤状：以果腰部较多，圆形或近圆形，黄褐色或褐色，微下陷，呈革质状，发病组织只限于外皮层。②枯枝症状。枝上病斑多自叶柄基部的腋芽处开始，病斑椭圆形或梭形，与叶部症状相似。病部环绕枝梢一周后，病梢即自上而下枯死。③僵果症状。幼果发病，初期为暗绿色不规则病斑，病部凹陷，其上有白色霉状物或朱红色小液点。病菌浸染整个果面后，果色变黑，果实变僵，长挂于枝梢上不脱落[图 17（a）]。④烫伤症状。管理粗放的果园，在长期阴雨天气条件下，叶片或嫩梢会出现深浅交替的波纹状烫伤斑。叶片病斑常自叶尖开始，淡青色或暗褐色，边缘界线模糊，正背两面产生众多的散乱排列的肉红色黏质小点，后期颜色变深暗且易脱落[图 17（b）]；嫩梢常自梢端 3 ～ 10 厘米处突然发病，呈暗绿色，水渍状，3 ～ 5 天后凋萎变黑，上有朱红色小粒点。⑤泪痕症状。果实膨大后受害，在果皮表面形成一条条如眼泪状的纵向条纹，形似许多红褐色小凸点组成的病斑。⑥软腐症状。贮藏期果实受害，一般从果蒂部开始，初期为淡褐色，以后变为褐色，腐烂。

（2）防治方法。防治上以农业防治为基础，搞好修剪、清园等措施，科学控水控肥，健壮树体；适时进行化学药防，一是搞好春防春治，二是搞好秋控秋防。具体措施如下：①改善果园光照条件。炭疽病最怕荫蔽，密生果园必须狠抓疏株间伐和大枝修剪，确保果园 70% 的透光率。②改善果园排灌系统。畅通果园沟渠，做到涝能排雨,旱能灌水,确保果园不因积水和干旱受亏损,确保果园应有的抗逆性能。③科学施肥。深翻改土,增施有机肥和磷钾肥,避免偏施过施氮肥诱发病变,实施配方施肥,避免树体弱势而缺乏抗病性能。④搞好冬季清园。冬季剪除病枝病叶病果,收集烧毁,消灭越冬病原,同时搞好果园防冻工作。⑤药剂防治。3月底后开始进行防治,间隔10～15天1次,连防2～3次。秋季防治蚜、虱、蚧、螨及潜叶蛾时,加入对应的杀菌剂(碱性杀虫剂除外)以保护秋梢。推荐药剂:65%代森锌可湿性粉剂600倍液,50%代森铵水剂800～1 000倍液,70%甲基托布津可湿性粉剂800～1 000倍液,50%多菌灵800倍液;生长季节药剂可选用1:100比例0.3波美度的石硫合剂,32.5%苯甲嘧菌酯800～1 000倍液,或32.5%苯甲嘧菌酯600～800倍液。喷药时务必周到均匀,特别要充分喷布果梗、结果枝及结果母枝,以喷湿枝叶不滴水为标准。

(a)僵果型症状　　　　　　　　　　　　(b)烫伤型症状

图17　炭疽病僵果型与烫伤型症状

 如何识别柑橘脂点黄斑病?该病为何在各柑橘产区越来越重?

(1)症状。脂点黄斑病主要危害柑橘成熟叶片,有时也可侵害果实和小枝,在田间表现症状有3种类型。①脂点黄斑型。叶背先出现针头大小的褪色小点,对光透视呈半透明状,后扩展成黄色斑块,叶背病斑上出现疤疹状淡黄色突起小粒点,随病斑扩展和老化,小粒点颜色加深,变成暗褐色至黑褐色的脂斑(图18)。与脂斑对应的叶片正面上,形成不规则的黄色斑块,边缘不明显,中部有淡褐色至黑褐色的疤疹状小粒点。②褐色小圆星型。初期叶片表面出现赤褐色芝麻粒大小的近圆形斑点,后扩展成直径1～3毫米圆形或椭圆形病斑,灰褐色,边缘颜色深且隆起,中间的色泽稍淡且凹陷,后期呈灰白色,其上布满黑色小粒点。秋梢叶片上病斑为褐色小圆星型。③混合型。在同一片病叶上,同时发生脂点黄斑型和褐色小圆星型的病斑。夏梢受侵染后,最容易在叶片上出现混合型症状。果实受侵染后,在果皮上出现褐色小斑点,病菌不侵入果肉。

图18　柑橘脂点黄斑型症状

　　(2)重发原因。诱发黄斑病重发的内在原因是树体衰弱,而诱发树体衰弱的外界因素主要有以下4种:①不科学的施肥方法是导致该病重发的主要原因。随着农村劳动力的转移,农村劳动力越来越少,越来越老。农村劳动力紧缺情况下,火粪、圈肥等被大量的化学肥料而取代,缺乏有机质的土壤越来越板结,越来越缺乏营养。特别是施肥"一把撒"恶习(图19),使果树根系表土化,造成了肥料施得越多树体越缺乏营养的恶性循环。②果园老化,生长势弱是黄斑加重发生的次要原因。随着种植年限的增加,果树年龄渐而老化,树体生长势也逐年下降,抗病性能也每况愈下。③土壤先天不足是黄斑病重发的再次原因。随着柑橘价格的走俏,许多林地荒山被开发种柑橘。这类土壤先天不足,土层浅,肥力差。④过度开发也是黄斑病重发的理由。柑橘原本有大小年,有休养生息的修复时期。人为的环割环拨重剪,虽取得短期高产效益,但树体早衰在所难免。

图 19　肥料土表撒施实例

84 柑橘脚腐病有哪些症状？怎样对其进行防治？

（1）症状。①基干症状。脚腐病主要发生于主干基部，引起皮层腐烂，最终导致树体死亡。发病初期，病部树皮呈褐色水渍状，有酒糟气味，常渗出褐色胶液（图 20）。气候干燥时，病斑干裂。温暖潮湿时，病部不断向纵横扩展，向下蔓延至

图 20　柑橘脚腐病症状

根群,向上蔓延不超过 30 厘米;横向扩展,造成环割。病树部分大枝或整个树冠上的叶片中脉及侧脉呈黄色。病情严重时大量枯枝落叶,引起树势衰弱,开花多,花期短,结果少,所结的果实着色早,皮粗味酸。②果实症状。脚腐病也会侵染果实。果实发病时,先出现圆形的淡褐色病斑,后渐变成褐色水渍状。病健部分界明显,只侵染白皮层,不烂及果肉。干燥时病斑干韧,手指按下稍有弹性;潮湿时则呈水渍状软腐,长出白色菌丝,有腐臭味。发病严重的果实不久即脱落。

(2)防治方法。①利用抗病砧木。感病区,新栽果树可选用抗病性的枳壳、枸头橙、酸橙等做砧木,适当提高嫁接部位。此法是目前防治脚腐病的最经济有效的方法。②靠接换砧。对于采用感病砧木的幼龄病树,可在其主干基部靠接 2 ～ 3 株抗病的实生砧木苗。③排渍防伤。搞好果园排水和蛀干害虫的防治,合理环割、环拨、科学品改,并搞好伤口处理。果园渍水和果树伤口是诱发该病的主要因素。④抬高底部枝位。通过修剪,抬高底层枝位,确保结果枝离地面 70 厘米以上。⑤药剂治疗。伤口治理:初夏前后,将每株橘树的根颈部土壤扒开,发现病斑时,将腐烂的皮层、已变色的木质部刮除干净,再在伤口处涂药保护,10 ～ 15 天 1 次,连涂 2 ～ 3 次。药剂可使用以下任何一种:波尔多液、石硫合剂、2%～ 3%的硫酸铜液、25%瑞毒霉可湿性粉剂 200 ～ 300 倍液、70%甲基托布津可湿性粉剂 100 ～ 200 倍液。果园喷药:5—10 月,涝害及大雨前后在地面及树冠喷洒 0.7%的等量式波尔多液或 50%甲霜灵可湿性粉剂 500 ～ 600 倍液,防治果实感病。

85 柑橘贮藏期病害主要有哪些?

柑橘贮藏期病害有菌原性和生理性两大类,各类的主要病害如下:

(1)浸染性病害。青霉病、绿霉病、蒂腐病、炭疽病、黑腐病、酸腐病(图 21)等。

(2)生理病害。水肿病、枯水病。

图 21　柑橘酸腐病病果

86 柑橘青霉病有哪些症状? 怎样对其进行防治?

(1)症状。发病初期果皮软化,水渍状褪色,用手轻压极易破裂。此后在病斑表面中央长出气生菌丝,形成一层厚的白色霉状物,并迅速扩展成白色近圆形霉斑,接着又从霉斑中部长出青色粉状物,即分生孢子梗和分生孢子(图 22)。病部侵染很快,几天内可致全果湿腐。挂树果发病一般始于果蒂及临近处,贮藏期果实发病部位无一定规律。

病斑外缘的白色菌丝侵染快,而中间的青色粉状霉生长慢,所以病斑总表现出外白内青的特征;青霉还具有不黏手但黏纸的特性。

（2）防治方法。①规范采收。采收、洗果打蜡、中转运输所造成的机械损伤，是青霉病发病的主要原因。适时采收、规范采收、细心中转、科学运输能有效减轻该病的发生。雨后和露水未干时不采果。入库贮藏的果实成熟度有八成为适宜。②贮库消毒。一般贮果前半个月，用4%漂白粉的澄清液喷洒库壁和地面。也可用硫黄粉或福尔马林进行熏蒸，每立方米贮库用10克，密闭熏蒸24小时。③药剂浸果。将拟贮藏的果实在防腐剂中浸泡60秒钟，即可起到杀虫灭菌的作用。药剂可用：双胍三辛烷基苯硫黄盐40%可湿性粉剂1 000～2 000倍液，或70%甲基托布津可湿性粉剂600～800倍液，均有很好的防效。

图22　柑橘青霉病病果

87 **柑橘绿霉病有哪些症状？怎样对其进行防治？**

（1）症状。柑橘绿霉病（图23）是柑橘贮藏期的首要病害。果实发病后，病部先发软，接着呈水渍状，2～3天后产生白霉状物，即为病原菌的菌丝体；3～5天后，病斑中央出现绿色粉状霉层，即为病原菌的子实体；绿色霉层后，很快全果腐烂，果肉变苦。病果有闷人的芳香味。绿色霉层黏附性较强，既黏手亦黏纸。

（2）防治方法。①规范采收。适时采收、规范采收、细心中转、科学运输能有效减轻该病的发生。雨后和露水未干时不采果。入库贮藏的果实成熟度有八成为适宜。②贮库消毒。一般贮果前半个月，用4%漂白粉的澄清液喷洒库壁和地面。也可用硫黄粉或福尔马林进行熏蒸，每立方

图23　柑橘绿霉病病果

米贮库用 10 克，密闭熏蒸 24 小时。③药剂浸果。将拟贮藏的果实在防腐剂中浸泡 60 秒钟，即可起到杀虫灭菌的作用。药剂可用：双胍三辛烷基苯硫黄盐 40％可湿性粉剂 1 000 ～ 2 000 倍液，或 70％甲基托布津可湿性粉剂 600 ～ 800 倍液，均有很好的防效。

88 柑橘黑腐病有哪些症状？怎样对其进行防治？

（1）症状。①黑心型。病菌在幼果期自果蒂部伤口侵入果心，沿果心蔓延，引起心腐，病果外表无明显症状，但内部果心及果肉则变墨绿色腐烂，在果心空隙处长有大量深绿墨色绒毛状霉（图 24）。②黑腐型。病菌从伤口或脐部侵入，果皮先发病，外表症状明显，初呈褐色或黑褐色圆形病斑，扩大后稍凹陷，边缘不整齐，中部常呈黑色，病部果肉变为黑褐色腐烂，干燥时病部果皮柔韧，革质状，高温下，病部长出绒毛状霉，开始呈白色，后转变为墨绿色，果心空隙处亦长有大量墨绿色霉。③蒂腐型。病菌从果蒂部伤口侵入，症状与黑心型类似，但在果蒂部形成圆形的褐色软腐症斑，大小不一，通常直径 1 厘米左右。④干疤型。病菌从果皮和果蒂部伤口侵入，形成深褐色常为圆形的病斑，病、健交界处明显，直径多为 1.5 厘米左右，呈革质干腐状，病部极少见到绒毛状霉，易与炭疽病干疤症状混淆。

图 24　柑橘黑腐病病果（黑心型）

（2）防治方法。①采前消毒。果实采收前 7 ～ 10 天，用 25％咪鲜胺 1 000 倍液对拟采果园进行喷药。②采中止损。果实下树要按"一果两剪"的规则，达到"一果两剪不垮脸"的要求。即第一剪在枝梢于果梗交界处剪断，第二剪于果蒂处平行剪掉果柄。果实入箱要轻拿轻放，果实装箱不可太满，避免挤压。果箱堆层不能超过箱体承载上限的 80％。③采后防腐。果实采收后 24 小时内用药剂浸果 1 分钟，药剂选用 5 000 倍的 2,4-D 钠盐＋25％咪鲜胺 1 000 倍液。④库房消毒。果实进库前 10 ～ 15 天，对库房或地窖进行消毒。按每立方米用硫黄粉 5 ～ 10 克进行烟熏,或每立方米用福尔马林40倍液30～50毫升喷射;消毒时关闭门窗3～4天,然后通气2～3天。⑤库房调控。果实入库后,将库房中的温度调到3～6℃,湿度调到80%～85%,并注意通风换气。如发现烂果及时清除。

89 柑橘蒂腐病有哪些症状? 怎样对其进行防治?

(1)柑橘蒂腐病有两种症状,即褐色蒂腐和黑色蒂腐。①褐色蒂腐病症状(图25)。果实常自蒂部开始发病,初呈水渍状,黄褐色的圆形病斑,与黑色蒂腐病很相似。但褐色蒂腐病部果皮革质化,没有黏液流出,病斑边缘呈波纹状,深褐色。在向脐部扩展过程中,果心腐烂较果皮快,当果皮坏腐到果面1/3～1/2时,果心已全部腐烂,故有"穿心烂"之称。病菌可侵染种子,使其变为褐色。病果味道酸苦。②黑色蒂腐病症状。果实发病常自果蒂或伤口处开始,初为暗褐色水渍状病斑,时有暗褐色胶状黏液流出;此后,病斑沿果心和囊瓣间扩展蔓延,数日内传至全果。病果在干燥环境下成为僵果,呈暗褐色或黑色。空气潮湿时,病果表面显灰白色绒毛状菌丝,并很快转为橄榄色,并产生许多黑点状的分生孢子。

图25 柑橘褐色蒂腐病症状

(2)防治方法。①防止果实受伤。采收时要防止果实遭受机械损伤。②库房及时消毒。果实进库10～15天,对库房或地窖进行消毒,按每立方米用硫黄粉5～10克进行熏烟,或每立方米用福尔马林40倍液30～50毫升喷射,消毒时关闭门窗3～4天,然后通气2～3天。③库房调控。控制库房中的温度在3～6℃,湿度在80%～85%,注意通风换气。④果实采前喷药。果实采收前7～10天内喷药,可用25%咪鲜胺1 000倍液。⑤果实防腐处理。果实采收后1～3天内用药剂处理,可用0.02%的2,4-D加25%咪鲜胺1 000倍液浸果1～2分钟。

 90 柑橘缺乏氮、磷、钾元素症状如何？如何矫正？

(1)柑橘缺氮症状。氮正常转入缺乏时，老叶先黄，新叶成黄绿杂斑，最后全叶发黄而脱落。新梢抽发不正常，枝叶稀少而细小；叶薄发黄，呈淡绿色至黄色，以致全株叶片均匀黄化，提前脱落；花小果少，果皮苍白光滑，常早熟；严重缺氮时出现枯梢，树势衰退，树干光秃。矫治方法：①土壤补施速效氮肥，增施有机质肥，改良土壤结构，减少氮素流失。叶面喷施 0.3%～0.5%尿素等 2～3 次。②土壤追施尿素，同时根外喷施 0.3%尿素液以矫正。③搞好排灌。注意搞好橘园排灌系统，避免雨季积水。

(2)柑橘缺磷症状。通常在花芽和果实形成期开始发生，其症状表现为枝条细弱，叶片失去光泽，呈青铜绿色，叶稀少，叶片氮、钾含量高，果面粗糙，果皮变厚，果实空心，酸味浓烈，果汁也少。矫治方法：因磷在土壤中易被固定，尤其南方酸性红黄壤。所以，柑橘园缺磷时，可在春季将磷肥与有机肥混合深施，增大根系吸收接触面。磷肥施于表土，效果极微，甚至无效，施于 20～60 厘米的根际土层，效果明显提高。另外，在土壤酸性强的果园，选用磷肥时，要选用钙镁磷肥，尽量不用过磷酸钙，避免加剧土壤酸化造成其他微量元素流失。或叶面喷施 0.5%～1.0%过磷酸钙浸出液(浸泡 24 小时后过滤喷施)，7～10 天 1 次，喷 2～3 次即可见效。

(3)柑橘缺钾症状。从老叶的叶尖和上部叶缘部分首先变黄，逐渐向下部扩展变为黄褐色至褐色焦枯，叶缘向上卷曲，叶片呈畸形，叶尖枯落；树冠顶部衰弱，新梢纤细，叶片较小；严重缺钾时在开花期即大量落叶，枝梢枯死；果小皮薄光滑，汁多酸少，易腐烂脱落；根系生长差，全树长势衰退。矫治方法：土壤施肥。每年株施硫酸钾 300～500 克，宜与有机肥混合施用，钾肥施用要适量，避免施用过多引起其他元素的缺乏症。叶面施肥 0.3%～0.6%磷酸二氢钾、0.5%～1.0%硝酸钾。高温季节喷施硫酸钾导致日灼，应谨慎。防止土壤干旱。干旱季节地表浅耕，地面覆盖稻草、杂草、作物秸秆、铁芒萁等减少土壤水分蒸发，及时灌溉，防止土壤过于干旱。

91 柑橘缺乏钙、镁、硫元素症状如何？如何矫正？

(1)柑橘缺钙症状。春梢嫩叶的上部叶缘处首先呈黄色或黄白色；主、侧脉间及叶缘附近黄化，主、侧脉及其附近叶肉仍为绿色；以后黄化部分扩大，叶面大块黄化，并产生枯斑，病叶窄而小，不久脱落。生理落果严重，枝梢枯端向下枯死，侧芽发出的枝条也会很快枯死。病果常小而畸形，淡绿色，汁泡皱缩。根系少，生长衰弱，棕色，最后腐烂。矫治方法：①施用石灰。酸性土壤施用石灰调节酸度至 pH 值 6.5 左右，能增加代换性钙含量。施用量视土壤酸度而定，一般刚发生缺钙的柑橘园,每 667 平方米施石灰 35～50 千克,与土混匀后再浇水。②喷施钙肥。刚发病的树可以新叶树冠喷施 0.3%氯化钙或硝酸钙液。③合理施肥。钙含量低的酸性土壤,多施有机肥料,少施氮和钾的酸性化肥。注意保水,坡地酸性土壤柑橘园,宜修水平梯地,雨季加强地面覆盖,沙性土壤应客土换肥沃黏性土壤。

(2)柑橘缺镁症状。主要表现为叶肉黄化、叶脉绿色;老叶沿主、侧脉两侧渐次黄化,扩大到全叶为黄色,仅主脉及其部分组织仍保持绿色(图 26)。矫治方法:在缺镁的果园中,在改良土壤、增施有机肥料的基础上适当地施用镁盐,可以有效地防治缺镁病。①土施。在酸性土壤(pH 值 6 以下)中,为了中和土壤酸度应施用石灰镁(每株果树施 0.75～1.00 千克),在微酸性至碱性土壤的地区,应施用硫酸镁,这些镁盐可混合在堆肥中施用。土壤中钾及钙的有效浓度很高会抑制植株对镁的吸收能力,镁肥的施用量必须增加。此外,要增施有机质和农家肥,在酸碱性调节上还要适当多施石灰。②根外喷施一般在 6—7 月喷施 2%～3%硫酸镁 2～3 次,可恢复树势,对于轻度缺镁,叶面喷施见效快。

图 26　柑橘缺镁症状

(3)柑橘缺硫症状。柑橘缺硫时,新梢全叶发黄,随后枝梢也发黄,叶片变小,病叶提前脱落。而老叶仍保持绿色,形成明显对比。病叶主脉较其他部位稍黄,尤以主脉基部和翼叶部位更黄,并易脱落。抽生的新梢纤细而多呈丛生状。矫治方法:空气中有许多含硫的杂质或化合物,即使在乡村的田野,雨水中也含有硫。城市和工厂附近的田野,雨水中含硫较多。另外,灌溉水和部分肥料(硫酸铵、硫酸钾和硫酸钾型复合肥等)、农药(石硫合剂等)含有硫。因此,田间栽培的柑橘很少出现缺硫症状。

92 柑橘缺乏铁、锰、锌症状如何？如何矫正？

（1）柑橘缺铁症状。缺铁时影响叶绿素的形成，幼叶呈现失绿现象，在叶色很淡的叶片上呈现叶脉为绿色网纹状，严重时幼叶及老叶均变成白色，只有中脉保持淡绿色，在叶上出现坏死的褐色斑点，容易脱落（图27）。常在碱性紫色土或石灰岩风化的新土柑橘园中出现，黄化的树冠外缘向阳部位的新梢叶最为严重，春梢发病多，秋梢与晚秋梢发病较严重。酸性红壤土中比较少见。矫治方法：在新梢生长期，每半个月喷 0.1%～0.2% 的硫酸亚铁或柠檬酸铁 1 次，或将硫酸亚铁与有机肥混合施用。

图27　柑橘缺铁叶片表现

（2）柑橘缺锰症状。①幼叶上表现明显症状，病叶变为黄绿色，主、侧脉及附近叶肉绿色至深绿色。②轻度缺锰的叶片在成长后可恢复正常，严重或继续缺锰时侧脉间黄化部分逐渐扩大，最后仅上脉及部分侧脉保持绿色，病叶变薄（图28）。矫治方法：叶面喷施 0.2%～0.6% 硫酸锰加 1%～2% 生石灰混合液，或每667平方米冬季穴施硫酸锰 3～4 千克。土壤较干旱情况下则锰易变为有效态，使还原态锰增加。加强肥水管理，多施堆制厩肥或沤制绿肥。排水不良的橘园在雨季开沟排水，降低地下水位。

图28　柑橘缺锰症状

(3)柑橘缺锌症状。缺锌引起斑叶病。柑橘的斑叶病是常见病害,典型症状是斑驳小叶。新叶转绿期开始表现为主脉与侧脉呈显著绿色,其余组织呈浅绿至黄白色,有光泽。严重时仅主脉或粗大侧脉附近绿色,新叶狭小斑驳并多直立、节间短、丛枝,也称小叶病、花叶病、斑驳病(图 29)。矫治方法:叶面施肥对防治缺锌可收到较好的效果。宜在嫩梢期喷 0.2%～ 0.3%硫酸锌(加等量石灰)液 1 次,严重缺锌的喷 2 ～ 3 次。

图 29　柑橘缺锌症状

柑橘缺乏铜、硼、钼症状如何？ 如何矫正？

(1)柑橘缺铜症状。柑橘缺铜初期,新梢长、软,弯曲下垂;叶片宽大、色深,扭曲成"S"形;果实少,易误认为生长过旺。严重时枝梢先端变成茶褐色而枯死,发生短弱丛枝,易干枯早落和流胶,枝老熟时伤口呈红褐色,叶片局部呈红褐色。柑橘需铜甚微,平时喷施波尔多液就已足够。矫治方法:对于缺铜,可喷施波尔多液或其他铜肥。

(2)柑橘缺硼症状。新梢叶出现水渍状斑点,叶片变形,叶脉发黄增粗,叶片向后弯曲(图 30)。芽的生长点连续枯死而形成丛芽,叶脉肿胀、木栓化或破裂、果小畸形、皮厚硬、果心及海绵层均有褐色树脂沉积。矫治方法:可土壤施肥,或在萌芽期、花期、小果期喷施 0.05%～ 0.10%硼酸液或 0.1%～ 0.2%的硼砂溶液。

(3) 柑橘缺钼症状。柑橘缺钼时新梢成熟叶片出现近圆形或椭圆形黄色至鲜黄色斑块,俗称黄斑病。叶背面斑点呈棕褐色,病叶向叶面弯曲形成杯状;严重缺钼时病叶变薄,叶片大量黄化脱落和裂果(图31)。矫治方法:柑橘发生缺钼时,可喷施0.01%～0.10%钼酸铵或钼酸钠液,但应避免在发芽后不久的新叶期喷施,以防发生药害。也可每667平方米用20～30克钼酸铵与过磷酸钙混施于根部。

图30　柑橘缺硼叶片症状

图31　柑橘缺钼叶片症状

什么是青苔、地衣、附生绿球藻?

青苔、地衣(图32)、附生绿球藻(图33)都是寄生性低等植物,覆盖于柑橘树体表面,既影响树体的光合作用,又吸食树体内的养分,造成树体快速衰弱甚至死亡。

青苔是一类低等的寄生植物,属于苔藓,常与真菌、藻类、地衣等共生。青苔以吸盘吸取柑橘树体汁液和养分,使树体缺乏营养而萎蔫。主要寄生树体主干与大枝。

图32　柑橘主干上的地衣(红圈内)和青苔(红圈外)

图 33 附生绿球藻危害柑橘主干

地衣是真菌和藻类共生而成的特殊植物群，颜色浅蓝，形有叶状、壳状和不规则状，结构扁平，边缘卷曲，有褐色假根，常连接成不定性薄片，严重时包围整个枝干，削弱树势。主要寄生主干和大枝，常与青苔混发。

附生绿球藻是藻类植物，枝、茎、叶均可寄生。藻体细小，如粉末状覆盖在树体的表面，通过吸盘取食树体养分。

 95 怎样对青苔、地衣、附生绿球藻进行防治？

青苔、地衣、附生绿球藻都是喜阴低等植物，防治上以农业防治措施为主，辅以化学防治，即可有效控制。具体措施如下：

（1）增加光照。实施密改稀技术，增加果园通风透光性能，大枝体位分布错落有致，叶片结构稀疏合理，层间结构互不遮光。

（2）开沟降湿。深开果园沟渠，四周围沟必须深 60 厘米以上，箱沟必须深 40 厘米以上，腰沟深 20 厘米以上。

（3）合理施肥。树体越弱，越易被寄生，科学配方施肥，健壮树势，阻止寄生性有害生物侵入。

（4）药剂防治。①青苔、地衣防治。用钢筋球擦除大部分青苔、地衣后，涂上 3 ～ 5 波美度石硫合剂或 100 倍等量式波尔多液。②附生绿球藻防治。于生长旺季，直接在树体表面喷洒药剂。推荐药剂：0.8%的乙蒜素 1 500 倍液；5%醋酸液；

石灰和高锰酸钾液也有一定防治效果,但藻体死亡变黑后牢固附着在叶片上,不易被雨水冲掉。藻类不宜用石硫合剂或生石灰喷刷,易结成不易脱落的块状物,影响树体光合作用。

 96 按口器分,柑橘害虫分为哪几种类型?

害虫的口器有咀嚼式口器、吸收式口器、嚼吸式口器三大类型。

(1)咀嚼式口器害虫。主要取食固态食物。能吞食植物的根、茎、叶、花、果等组织,在被害组织上留下缺口、缺刻、虫道和孔洞。这类害虫有鳞翅目幼虫(如卷叶虫、潜叶蛾、凤蝶等的幼虫)、鞘翅目害虫幼虫和成虫(如恶性叶虫、恶性叶甲、潜叶甲等)、直翅目若虫和成虫(如蝗虫、蟋蟀、蝼蛄、蚱蜢等)、膜翅目幼虫和成虫等。

(2)吸收式口器害虫。主要取食液态食物。通过昆虫口器刺吸植物组织,从而吸食组织中的汁液。吸收式口器又包括刺吸式口器、虹吸式口器、锉吸式口器、捕吸式口器、刺舐式口器、舐吸式口器和刮吸式口器七种。这类害虫较多,如鳞翅目的成虫,同翅目的蚜、虱、蚧类害虫,缨翅目的蓟马,双翅目的蝇类害虫等。

(3)嚼吸式口器害虫。极少数昆虫的口器兼有咀嚼和吸收两种功能,既可取食固态食物,又可取食液态食物,则称为嚼吸式口器。

 97 按作用方式分,杀虫剂可分为几大类型?

杀虫剂按进入虫体的作用方式可分为胃毒剂、触杀剂、熏蒸剂、内吸剂四种。

(1)胃毒剂。药剂通过害虫的口器及消化系统进入体内,引起害虫中毒或死亡,具有这种胃毒作用的杀虫剂称为胃毒剂,如敌百虫、白砒等。此类杀虫剂适用于防治咀嚼式口器害虫,如黏虫、蝼蛄、蝗虫等;另外,对防治舐吸式口器的害虫蝇类也有效。

(2)触杀剂。药剂接触害虫的表皮,药液通过体表或气孔渗入体内,使害虫中毒或死亡,具有这种触杀作用的药剂称为触杀剂,如四聚乙醛等。目前使用的大多数杀虫剂属于此类。可用于防治各种口器类型的害虫。

(3)熏蒸剂。药剂在常温下以气体状态或分解为气体,通过害虫的呼吸系统进入虫体,使害虫中毒或死亡,具有这种熏蒸作用的药剂称为熏蒸剂,如敌敌畏等。熏蒸剂一般应在密闭环境中使用。

(4)内吸剂。喷洒到植株体表的药剂,被植物的叶、茎、根、种子吸进植物体内,并在植物体内疏导、扩散、存留或产生更毒的代谢物。当害虫刺吸带毒的汁液后中毒死亡。具有这种内吸作用的杀虫剂为内吸杀虫剂,如灭多威、杀虫双、杀虫脒等。此类药剂只对刺吸式害虫有效。

害虫口器与农药类型如何对应？

害虫的口器特征决定了害虫的取食习性，害虫的取食习性是选择防治用药的重要依据。

根据口器选药，咀嚼式口器害虫首选胃毒剂，其次再选触杀剂或熏蒸剂；吸收式口器害虫，首选内吸剂，其次再选触杀剂或熏蒸剂，而胃毒剂对该类害虫无效。例如，选择 Bt 乳剂防治红蜘蛛、蚜虫、粉虱、介壳虫等害虫，肯定没有效，因其是胃毒剂；如果用 Bt 乳剂防治凤蝶和甲壳虫幼虫，效果则非常好。再例如，用乐果、杀虫脒、杀虫双等内吸性药剂防治吸收式害虫，防治且特好。嚼吸式害虫，胃毒剂、内吸剂均可适宜。

在现实生产中，选择药剂不能只单一考虑害虫口器，还要考虑害虫的行动方式、活动范围、活动场所。只有在全面考虑的基础上，才能治虫为胜。

 柑橘常见害虫有哪些？各属于哪种口器类型？

柑橘常见害虫有红蜘蛛、黄蜘蛛、锈壁虱、蚜虫、粉虱、介壳虫、叶甲、天牛、吉丁虫、卷叶蛾、潜叶蛾、凤蝶、桃蛀螟、吸果夜蛾、大实蝇等。

蚜虫、粉虱、红蜘蛛、黄蜘蛛、锈壁虱、介壳虫属刺吸式口器。

叶甲、天牛、吉丁虫、夜蛾幼虫、柑橘凤蝶等属咀嚼式口器。

 柑橘大实蝇有哪些形态特征和生长习性？

柑橘大实蝇属双翅目实蝇科害虫，俗称为柑蛆，其危害果称为蛆果。20 世纪 60—70 年代在局部地区轻度发生时，为国际国内植物检疫性有害生物。20 世纪末，疫情迅猛扩展，呈逐年加重趋势。21 世纪初，大实蝇在全球各柑橘产区均显高发态势，2009 年 6 月不再被中国农业部列为检疫对象。大实蝇的形态特征与生长习性如下：

（1）形态特征。成虫体长 10～13 毫米，翅展约 21 毫米，初羽成虫金黄色，老熟成虫呈黄褐色；复眼紫红色；带金属光泽；胸部背板具 6 对鬃，中央有深褐色的"人"字形斑纹，背板两侧各有一个黄色块状斑；中胸背板基部直达腹部末端的黑色纵纹，与第 3 节腹节前缘的黑色横纹相交成"十"字形黑色斑。雌虫产卵管圆锥形，长约 6.5 毫米，由 3 节组成。"人"字斑、"十"字斑（图 34）为大实蝇所特有，是大实蝇区别于其他实蝇的个性化标志。

（2）基本习性。①强大的飞行力。大实蝇成直行飞行，空中距离高，飞行速度极快，在飞行中不易被辨认；是昆虫界飞行较强的昆虫，飞行距离远，单次行程近 500 米。②强烈的趋食性。大实蝇从土壤中羽化出来后，不是直接在果园中活动，而是飞行到有水源、有食源的地方补充营养,如树林、草丛和竹林等地。蚜虫、粉虱、介壳虫等的分泌物,即所谓的蜜露,是大实蝇最喜爱的食物。所以蚜、虱、蚧等危害严重且又有水源的场所,即为大实蝇的栖息地。大实蝇对红糖有强烈的正趋性(图35),对光、色趋性弱或无。③高度的隐匿性。在大实蝇从卵—幼虫—蛹—成虫的成长过程中,卵和幼虫在果实中生存,蛹在土壤中越冬(入土深度在土表下3～7厘米,以3厘米最多),只有成虫在空中活动。成虫除了取食、交配、产卵外,很多时候隐藏在叶片反背,使人不见其行踪。④漫长的周期性。5月上中旬,大实蝇成虫从土壤中羽化出来,经取食、交配、产

图 34 柑橘大实蝇成虫特征性状("十"字斑、"人"字斑)

图 35 柑橘大实蝇取食叶片上的红糖水

卵、孵化,到新一代幼虫从果中出来入土越冬,须历经5～7个月。入土化蛹到翌年出土,又须历经5～7个月。大实蝇一年只繁殖1代。⑤单一的取食性。大实蝇只危害芸香科的植物,包括柑、橙、橘、柚、柠檬、佛手、香橼等,其他科的植物不取食。⑥快速的增殖性。大实蝇雄成虫能与多头雌成虫交配;大实蝇雌成虫交配1次能多次产卵,平均1次产卵7～8个;1头雌大实蝇一生能多次交配,每个雌虫产卵约为150粒。大实蝇的交配、产卵习性决定了大实蝇的快速增殖习性。⑦产卵孔的多样性。大实蝇雌成虫产卵于柑橘幼果内,产卵部位及症状随柑橘种类不同而有差异。在甜橙上,卵产于果脐和果腰之间,产卵处呈乳状突起;在红橘上卵产于近脐部,产卵处呈黑色圆点;在柚子上卵产于果蒂处,产卵处呈圆形或椭圆形内陷的褐色小孔。

101 柑橘大实蝇危害多大?防治措施有哪些?

(1)大实蝇的危害损失。柑橘大实蝇成虫产卵于柑橘幼果中,孵化后的幼虫在

果实内穿食瓤瓣,吸食汁液。被害果轻者囊瓣破裂,汁液横流,果味变涩变苦;重者果肉被蚕食一空,果汁被吸收殆尽。受害果不论轻重,均呈现出未熟先黄进而落地的特性。因此,大实蝇虫果没有任何食用和商品价值。虫果率在 1%～3% 的果园,1 年不防,虫果率可上升到 15% 左右,2 年不防可上升到 50% 以上,3 年不防则全园无收。所以大实蝇危害不可忽视,大实蝇防治不可掉以轻心。

(2)大实蝇的防控技术。①浅翻灭蛹。1—3 月,结合冬管培肥,浅翻果园 10～15 厘米以内的土壤层,对大实蝇蛹的杀灭效果可达 70% 以上。②成虫监测。4 月下旬后密切关注羽化监测池,第 1 头大实蝇羽化出土的第 3 天实施成虫园外诱杀;同时于果园四周悬挂绿色球形诱捕器,逐日观察大实蝇上球情况,当诱到第 1 头大实蝇的第 3 天,进行园内灭杀。③成虫诱杀。园外诱杀,第 1 头大实蝇羽化出土后的第 3 天,在果园四周的林地、草坝、竹林等场所喷雾大实蝇食物诱杀剂。东南西北各方位喷洒 2～3 个点,每点 1～2 平方米,连喷 3～5 次,3～5 天 1 次;并辅以挂瓶或球形诱捕器。园内灭杀,诱捕器诱到第 1 头大实蝇的第 3 天,对果园实施全园喷雾,10～15 天 1 次,连喷 2～3 次;并辅以挂瓶或球形诱捕器。④虫果摘除。8 月中下旬,大实蝇产卵结束,果实尚未完全膨大,此段时间是大实蝇虫摘除的最佳时期。全园逐株逐果检查,凡是带产卵痕的果实全部摘除。10 月上中旬后,遗留的蛆果开始转色。2～3 天巡查 1 次果园,凡是颜色异常的果子全部摘除或以竹竿敲打落地后捡拾。所收集的蛆果,以 0.06 毫米以上的厚塑料袋装袋闷杀。塑料袋必须完好无损,封口必须扎紧。

102 柑橘大实蝇防治药剂有哪些? 如何使用?

(1)糖醋液。配方:90% 晶体敌百虫 60 克＋红糖 2.5 千克＋水 50 千克。配制方法:将足量红糖和水置容器中加热至沸腾,红糖完全溶化后,停止加热。糖液冷却至常温后,加入足量的敌百虫粉,搅拌均匀后备用。使用方法为喷雾和挂瓶。

(2)果瑞特。180 克成品加 360 克水稀释后喷雾或挂瓶。喷雾每 667 平方米喷 12 个点,每点喷 0.5～1.0 平方米,7～10 天 1 次,连喷 4～5 次。

(3)绿色球形诱捕器。塑料或纤维制品,圆球形,直径 10～18 厘米不等,表面黏附一层无色无味的透明胶,赤道伦边上的小孔眼供穿铁丝用(图 36);箱装,每箱 100 个,单球以牛皮纸包裹。使用时,将纸撕下,穿铁丝悬挂柑橘树冠即可。悬挂高度、位置与塑料挂瓶相同。悬挂数量视虫量大小而定,每 667 平方米挂 20～60 个。

挂瓶方法:每瓶盛药 20～30 毫升,挂于生长茂盛的树体上或枝条上,悬挂位置以 3/2 树高与 3/2 枝长的交界处最适宜;每 667 平方米挂 15～30 个,5～7 天换 1 次药剂,连换 3～4 次;悬挂地点视成虫活动情况而定,成虫取食期以近果园的林地、草坪、竹林等为主,产卵后以果园为主。

图36　绿色球形诱捕器诱捕效果

　柑橘大实蝇防治为何要实行分段诱杀？

大实蝇实行分段诱杀是根据大实蝇的活动习性而来的。大实蝇从土壤中羽化出来后，不是直接在果园中活动，而是飞行到有水源、有食源的地方补充营养，如树林、草丛和竹林等地。蚜虫、粉虱、介壳虫等的分泌物——蜜露，是大实蝇最喜爱的食物。所以蚜、虱、蚧等危害严重且又有水源的场所，即为大实蝇的栖息地。大实蝇成虫经过 10 ～ 20 天的营养补充，逐渐达到性成熟。性成熟后的大实蝇返回到果园交配、产卵。一般情况下，5 月上中旬，为大实蝇园外活动时间；5 月下旬至 6 月上旬，大实蝇往返于园内园外活动；6 月中下旬后，以园内活动为主。7 月以后，大实蝇食性减弱。

大实蝇园外活动时，喷药、挂瓶、挂球以园外为主；园内、园外往返跑时，园内、园外都要用药；园内活动时，防治药剂、挂瓶、挂球以园内为主。大实蝇食性减弱后，以嗅味大的农药全园喷雾效果好。

大实蝇园内园外活动规律不是千篇一律的，也不是固定不变的。大实蝇之所以园外活动，是缘于对食物的追逐。因为大多数果园用药比较多，害虫控制得比较好，果园内几乎没有大实蝇需要的营养来源。对于一个荒芜的果园，果园蚜、虱、蚧类害虫虫量大，大实蝇也会到果园补充营养。

　柑橘红蜘蛛、黄蜘蛛主要发生在什么季节？怎么防治？

（1）发生季节。柑橘红蜘蛛一年有 2 个发生高峰期，春梢期 4—6 月和秋梢期 9—11 月。黄蜘蛛较红蜘蛛早发生 10 ～ 15 天，在春芽萌发至开花前后（3—4 月）是危害盛期，如果此时低温少雨，危害更严重。

（2）防治措施。①果园防旱。果园干旱是诱发红蜘蛛暴发的重要原因。盛夏季节，如遇持续高温干旱，果园要及时灌溉，严防树体卷叶失水。②保护和利用天敌。微型害虫红蜘蛛、黄蜘蛛的天敌较多，有食螨瓢虫、捕食螨、草蛉、捕食甲等。在果园四周种小麦，行间种植藿香蓟，能改善天敌昆虫的生境生态，可在一定程度上提高果园自控效果。尽量少用农药或不用剧毒农药，以减少对天敌的伤害。③以肥代药。虫量不大时，可用沼液控螨，还可起到叶片补肥作用。每 667 平方米用过滤沼液 50 千克，喷施树冠即可。喷施沼液的果园，红蜘蛛、黄蜘蛛 3～4 小时失去活性，5～6 小时后死亡率为 90% 以上。④药剂防治。冬季清园。采果后到翌年春芽萌发前，全园喷施 1 次 1～2 波美度石硫合剂。早春挑治。早春季节，红蜘蛛只是局部发生，此时加强巡查，发生中心虫株，只须局部用药，即可达到很好的防治效果。挑治在该虫防治上十分重要。秋季防控。秋梢抽发 80% 时，全园喷施杀螨剂。防治药剂：15% 达螨灵乳油 1 000～1 500 倍液；73% 克螨特乳油 2 000 倍液；合成洗衣粉 180～220 倍加 0.1% 柴油制成乳油；5% 尼索朗乳油 3 000 倍液。

105 柑橘黑刺粉虱的主要习性是什么？发生在什么季节？怎么防治？

（1）主要习性。①趋避习性。黑刺粉虱成虫怕强光，喜荫蔽，嗜食细嫩组织，多集中在树冠中下部嫩叶背面栖息、取食和产卵。②运动习性。成虫飞翔能力较弱，可借风力飞翔传播。③交配习性。成虫多在早晨羽化，2～3 小时后即进行交尾，一生可交尾多次。④雌雄比例。田间成虫以雌虫为多，雌雄比约为 4∶1。成虫平均寿命 5 天，最长 8 天。⑤产卵习性。每一雌成虫产卵量从数十粒至百余粒不等。卵产于叶背主脉两侧，呈螺纹形排列。卵块量从数粒至数十粒。⑥初孵若虫习性。多在卵壳附近活动（图 37），取食时将口针插入叶肉，吸取汁液，也危害果实。若虫进入 2 龄后便不再扩散，固定不动，群集在叶背吸食汁液。若虫每次蜕皮前其足向后缩，蜕皮后将旧表皮留在体背上，与自身分泌出来的蜡质物共同构成保护虫体的外壳。若虫在危害过程中还分泌蜜露诱发煤烟病，以春、秋季最为严重。

柑橘黑刺粉虱主要发生在春、夏、秋三季，1 年发生 4～5 代，各代发生虫口多寡与温湿度关系密切，适温（30℃以下）、高湿（相对湿度 90% 以上）对成虫羽化和卵的孵化有利，反之，过高的温度（月均温 30℃以上）和低湿（相对湿度 80% 以下）则不利，故通常树冠密集、阴暗的环境虫口较多。

（2）农业防治。①抓好清园修剪，改善柑橘园通风透光性，创造有利于植株生长，不利于黑刺粉虱发生的环境。②合理施肥，勤施薄施，避免偏施过施氮肥导致植株密茂徒长而有利害虫滋生。③在 5—11 月寄生蜂等天敌盛发时，结合柑橘园灌溉，用高压水柱冲洗树冠，可减少粉虱分泌的蜜露，可收到提高寄生天敌寄生率和减轻煤烟病发生之效。

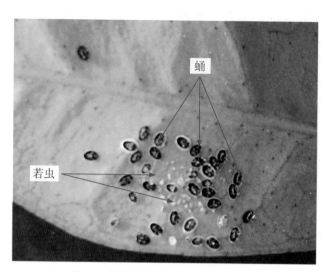

图 37　柑橘黑刺粉虱的蛹和初孵若虫

（3）生物防治。主要是保护和利用好天敌。①在粉虱细蜂等天敌寄生率达 50%时，不宜施用农药，以免大量杀伤天敌，非施不可时也应选对天敌影响较小的蛹期喷药。②在黑刺粉虱发生严重的柑橘园，5—6 月从粉虱细蜂、黄盾扑虱蚜小蜂等发生多的柑园采摘有粉虱活蛹的叶片(7～8 头/叶)挂放园内，放后 1 年内不施剧毒农药，可收到抑制粉虱危害之效。③生物防治园内不宜多次施用对天敌影响较大的菊酯类等农药。

（4）药剂防治。在粉虱危害严重而天敌又少跟不上害虫的发展时，可于 1～2 龄若虫盛发期选用 20%扑虱灵可湿粉 2 500～3 000 倍液、25%吡蚜酮 1 500～3 000 倍液防治。

106　柑橘粉虱主要发生在什么季节？怎么防治？

（1）发生季节。柑橘粉虱以 4 龄幼虫及少数蛹固定在叶片背面越冬。一年发生 2～3 代，上半年气温偏高的年份以 3 代为主，1～3 代分别寄生于春梢、夏梢、秋梢嫩叶的背面。

（2）防治方法。①生物防治。粉虱座壳孢菌(图 38)、寄生蜂是柑橘园较常见的天敌。很多柑农因不认识寄生蜂，常将其当害虫防治。当果园有益虫、益菌出现时，在天敌区域少用药剂，促使天敌资源快速增殖，提高天敌控害的作用。园内缺少重要天敌时，可从其他果园采集带有益虫、益菌的枝叶挂到橘树上进行引移。②药剂防治。天敌少、害虫重时，要适时进行药剂防治。药剂防治应把握在初龄幼虫盛发期。此时用药效果好，对天敌伤害也最小；相反幼虫 3～4 龄期用药，效果差，对天敌伤害也大。柑橘粉虱常与盾蚧、潜叶蛾等害虫混发，防治上可考虑兼治，以减少农药用量。③防治药剂。参照黑刺粉虱的药剂。

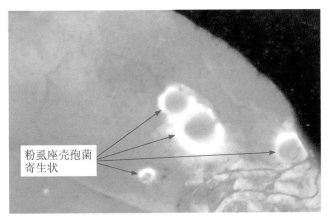

图 38　柑橘粉虱座壳孢菌

 柑橘木虱的危害性有哪些？怎么防治？

（1）危害性。柑橘木虱以刺吸式口器吸食嫩芽、嫩叶、嫩果的汁液,造成植株营养不良,大量的伤口诱发病害的发生蔓延。柑橘木虱除直接危害树体外,最大危害是传播黄龙病病原。柑橘木虱虽不是检疫性害虫,但对于没有黄龙病的产区来说,它就是重大检疫对象。所以,必须高度关注柑橘木虱发生动向与动态,坚决阻击它的入侵。一旦发生,势必将其消灭于萌芽状态,决不允许遗留丝毫隐患。

（2）防治方法。将木虱纳入省级重点检疫对象,制定木虱检疫规程,拟定木虱防治预案。①杜绝疫情。不到疫区引种引苗,不随意网购疫区的芸香科水果。疫区水果检疫合格后方可调入;疫区开来的柑橘运输车辆,必须经过杀虫消毒后,方可准入柑橘产地,以防止木虱传入境内。②预防疫情。禁止房前屋后零星种植芸香科果树或植物,严禁柑橘树作风景树栽培,尽可能减少疫情传播途径。③销毁病株。如果因意外情况,木虱不慎传入境内,应不惜代价、不惜成本、不留余地地进行根除。严禁疫情销毁不彻底,给柑橘产业留下祸根。木虱防治药剂推荐如下:2.5%三氟氯氰菊酯乳油3 000～4 000倍液、10%联苯菊酯乳油3 000～5 000倍液、1%阿维菌素乳油3 000～4 000倍液、5%氟啶脲乳油1 000～2 000倍液、5%氟虫脲乳油1 500～2 000倍液、10%吡虫啉可湿性粉剂2 500～3 000倍液、30%唑虫酰胺1 500倍液等。

 柑橘天牛有哪些？怎么防治？

（1）天牛的种类。天牛是柑橘的蛀干害虫,对树体危害非常大。柑橘树主干被天牛危害,1～2年不加防治,树势就会衰弱,3～4年疏忽不管,树体就会毁灭。

柑橘园中,最常见的天牛有星天牛、褐天牛、光盾绿天牛等。其中尤以星天牛、褐天牛危害最重最广。天牛危害重的果园,受害株率30%以上,产量损失50%以上。老果园发生重。

(2)防治方法。①农业防治。露颈栽植。种植时让柑橘根颈部露出地面,这样既有利于柑橘树生长,又可减少天牛、脚腐病等的危害。中耕松土。勤中耕除草,科学用肥,既增强树体抗虫性,又可降低根颈部的湿度,减轻病虫危害。树干刷白。采果后用涂白剂涂根颈、主干、主枝。涂白剂配方,石硫合剂1千克+食盐2.5千克+生石灰10千克+水25千克。远离寄主。避免在柑橘园周围种植苦楝、悬铃木、无花果和柳树等天牛的寄主植物。②生物防治。保护利用天敌。天牛的天敌有茧蜂、长尾啮小蜂、啄木鸟等。茧蜂直接寄生天牛,长尾啮小蜂寄生天牛的卵,啄木鸟直接捕食天牛的成虫和幼虫。对有些天敌,要因势利导地运用好。③物理防治。根据星天牛成虫上午9时至下午1时活动频率最高、褐天牛成虫晚间8—9时最活跃并于树洞内交尾的习性,实施人工捕杀;清明节前后检查天牛羽化孔,在木屑状虫粪处仔细查找洞口,用铁凿凿开一小孔,再用铁丝钩杀幼虫;夏至节前后检查流胶状产卵处,削除虫卵。已进入洞内的天牛,用铁丝钩杀。④化学防治。经常检查树体,发现有新鲜虫粪处,用铁丝掏净洞孔内的木屑状虫粪后,用脱脂棉蘸药后塞入虫孔内,也可用不带针头的注射器注入药液,且用黏土密封虫孔及虫孔附近的洞口。及时清除地面木屑,以便检查防治效果。常用药剂为80%敌敌畏乳油5～10倍液。

109 柑橘蚜虫主要发生在什么季节？怎么防治？

(1)发生季节。蚜虫是柑橘生产上的常见害虫,春梢、夏梢、秋梢抽生季节,是其危害高峰期。蚜虫的危害造成嫩叶卷曲,并分泌粪便污染叶片,从而诱导烟煤病发生,对柑橘树势和产量造成严重影响。

(2)防治技术。①农业防治。抹梢控虫。对早抽梢和迟抽梢,一律抹除;梢抽50%时,集中喷药防梢,阻断成虫食物链,降低虫口基数。压低虫源。冬季修剪时,剪除有虫枝和卷耳枝,带出园外销毁,减少虫源。②生物防治。食蚜瓢虫、食蚜蝇、寄生蜂、寄生蝇、步甲、草蛉等都是蚜虫的天敌,且遍布于果园中,常可形成较大的种群,稍加保护和诱导,就能有效控制蚜虫大发生。春、夏期间天敌数量较多,尽量少用高毒、长效、广谱性杀虫剂。③黄板诱杀。有翅蚜多时,果园挂黄色诱杀板具有较好的诱杀效果。每667平方米挂20毫米×25毫米的黄色板20～30张。黄板不能在花期悬挂,避免诱杀蜜蜂。④药剂防治。当新梢有虫枝率达20%时,使用10%吡虫啉可湿性粉剂,或2.5%敌杀死8 000倍液,或0.3%苦参碱水剂400倍,或2.5%鱼藤酮乳油600～1 000倍等喷雾,且药剂要轮换使用。

110 柑橘潜叶蛾的危害有哪些？主要发生在什么季节？怎么防治？

（1）潜叶蛾的危害。①影响光合作用。柑橘潜叶蛾以幼虫潜入嫩叶表皮内，取食叶肉，形成弯曲虫道，俗称"鬼画符"（图39），致使叶片表面积大量受伤。2016年前，该虫虫量不大时，叶片、枝梢受害率小于10%，对树势、产量影响小。2016年后，虫量大增，大量的叶片扭曲、皱缩、表皮破损，严重阻碍树体的光合作用，造成树体营养不良。翌年春季，经过冬冻的虫叶、虫梢，在新芽、新梢的萌发中，大量脱落、枯死。老叶脱落，新叶因养分供不应求而早衰，显现出各种缺素症状。这也是近两年来柑橘缺素症越来越严重的原因所在。因潜叶蛾很少危害到果实，一般不引起柑农

图39　柑橘潜叶蛾幼虫形成的弯曲虫道

重视。②加速溃疡病发生。凡是潜叶蛾重的年份，溃疡病发生重，凡是潜叶蛾重的果园，溃疡病疫情园病情加重，且传播快。潜叶蛾与溃疡病同步发展、混合危害的症状田间随处可见（图40）。目前，虽无证据证明潜叶蛾携带溃疡病病菌，但也没证据证明潜叶蛾不携带溃疡病，而潜叶蛾能加速溃疡病危害且是事实。

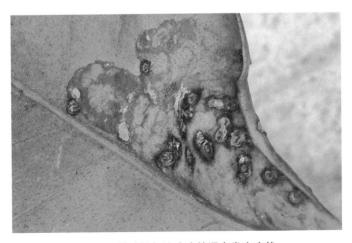

图40　潜叶蛾与溃疡病的混合发生症状

（2）发生季节。柑橘潜叶蛾是宜昌柑橘产区，甚至是湖北产区的主要有害生物，其发生越来越重，损失越来越大。主要发生在夏、秋季，主要危害夏梢、秋梢。

(3)防治方法。①清园除虫。结合采后清园修剪,剪净树上虫叶、虫梢,捡拾地面残枝落叶,刮除树上地衣和苔藓,并将其上部分带出园外进行无害化处理。潜叶蛾活动期,经常清洁果园、苗圃周围的杂草,及时堵塞树体孔洞。②品改果园重点防控。品改果园季季抽梢,且一季多梢,是潜叶蛾危害的重点对象,防治上要严格把控。春梢、夏梢、秋梢抽发期,梢为1粒米长、1寸长、1掌长时各施3次药剂,同时搞好抹芽控梢。需要扩冠壮树的幼年果园按品改果园进行管理。③抹芽、放梢。常规果园,春梢不用专门防治潜叶蛾,可根据春管进行兼治;夏梢、早秋梢和晚秋梢全部抹除,7月下旬以肥放梢,促进秋梢齐发壮发。放梢时间:70%~80%的植株抽梢,70%~80%的枝条芽1粒米长时。④秋梢防护。当拟放秋梢为1粒米长、1寸长、1掌长时各施3次药剂,确保秋梢不受害。药剂防治宜在黄昏进行。防治药剂:2.5%三氟氯氰菊酯乳油3 000~4 000倍液、10%天王星乳油3 000~5 000倍液、10%吡虫啉可湿性粉剂1 500~2 500倍液、1%阿维菌素乳油3 000~4 000倍液、5%氟啶脲乳油1 000~2 000倍液、5%氟虫脲乳油1 500~2 000倍液等。防治成虫应在傍晚喷药,防治潜入叶内的低龄幼虫应在午后喷药。以上药剂须轮换使用。

111 柑橘恶性叶虫、恶性叶甲、潜叶甲有什么区别?怎么防治?

(1)三害虫的习性差异。

恶性叶虫:成虫为蓝黑色,有光泽,成虫不群居,活动性不强,有假死性。幼虫喜群居,卵孵化后在叶背取食叶肉,留存表皮,后逐渐连表皮食去,被害叶呈不规则缺刻和孔洞,背上的粪便及黏液污染嫩叶,经1日后叶变焦黑。卵白色,后变为黄白色,卵壳表面有黄褐色网状黏膜。

恶性叶甲:成虫为绿色,能跳跃,有不明显假死性。幼虫在嫩叶内生活,只取食叶肉,残留表皮,形成隧道,两面透明,虫体清晰可见。卵深黄色,后变粉白色,横黏叶背前端。

潜叶甲:成虫为淡棕黄色至深橘红色,喜群居,跳跃力强,有不显著假死性。幼虫潜居嫩叶内,将叶片蛀食成不规则的弯曲隧道,但隧道中央有幼虫排泄物形成一条黑线。卵黄色,横黏叶上,表面常有褐色排泄物。

(2)三害虫的区别。将三种害虫的体色、习性等差异以表格形式陈列出来(表1)差异一目了然。

(3)防治方法。①清除虫源。剪除枯枝霉桩,刮除树上地衣、苔藓,扫除地面落叶落果,将带虫残体进行彻底处理,并进行树干涂白。②束草诱蛹。在主干上捆扎带有泥土的杂草,诱集幼虫化蛹,在成虫羽化前,收集带蛹杂草进行烧毁。③人工除卵。于产卵盛,人工摘除卵量大的枝芽,进行人工卵。④药剂防虫。在卵孵化

50%左右，用 1.8%阿维菌素 2 000 倍液或 10%吡虫啉可湿性粉剂 1 000 ～ 1 500 倍液，或 2.5%敌杀死 8 000 倍液，喷杀 1 ～ 2 次。

表 1　柑橘恶性叶虫、恶性叶甲、潜叶甲三种害虫的特征

名称	成虫				幼虫			卵		
	体色	群居性	假死性	活动性	体覆盖物	群居性	取食症状	颜色	着生位置	卵壳表面
恶性叶虫	蓝黑色	无	明显	弱	有	有	开始于叶背活动，初留表皮，后呈缺刻、孔洞状；无隧道性受害状	白色，后变为黄白色	叶尖前沿	黄褐色网纹状，表面无排泄物
恶性叶甲	绿色	无	不明显	不强	无	无	在嫩叶内取食叶肉，残留表皮，虫体清晰；隧道直条状，中央无黑线	深黄色，后变粉白色	横黏叶背前端	无网状纹，无排泄物
潜叶甲	淡棕黄色至深橘红色	明显	不明显	强劲	无	无	潜居嫩叶内取食，残留表皮，虫体清晰；隧道弯曲状，中央有黑线	黄色	横黏叶上	无网状纹，有褐色排泄物

112　柑橘介壳虫有哪些习性？有哪些种类？怎么防治？

（1）习性。①介壳虫是柑橘上的一类重要害虫，俗称蚧。介壳虫常吸附于枝、梢、叶、果的表面，以刺吸式口器吸食枝、梢、叶、果的汁液。②蚧类害虫往往表现出雌雄异型——雄性成虫有翅，能飞；雌成虫无翅，不能活动。雌蚧终生寄居在树体之上，且自 2 龄若虫之后，终生固定不动。③蚧类害虫能分泌出厚厚的蜡质层，将自己包裹其中，以防备外界侵袭。所以蚧类药剂必须具备能穿透蜡质的功效，否则对蚧类害虫无以杀伤。④易诱发煤污病。⑤蚧类害虫造成叶片发黄枯卷、枝梢枯萎、树势衰退，不到几年就能导致树体死亡。

（2）种类。常见的种类有矢尖蚧（图 41）、红圆蚧、褐圆蚧、黄圆蚧、椰圆蚧、康片蚧、桑盾蚧、柑橘粉蚧、橘小粉蚧、长白蚧、黑点蚧和吹绵蚧等。

（3）防治方法。①重剪灭虫。介壳虫发生期，随时巡查果园，凡是带虫率高的枝、叶、果必须全部剪除，带出园外销毁，快速杀灭过多的虫体。②清园灭虫。采收后，迅速修剪、清理果园，全园喷洒石硫合剂或波尔多液，并对离地 50 厘米的主干进行刷白，降低越冬虫源。③加强肥水管理，提高果园抗虫性能。④保护并利用天敌，实施果园自控。⑤春梢、秋梢生长旺期，特别是在第 1 代幼蚧高峰期搞好药剂防治，连喷 2 ～ 3 次，间隔 10 ～ 15 天。喷药时要均匀密布，叶的正、反两面都要喷

到,严禁漏防和重复喷雾。防治药剂:95%的机油乳剂或99%的绿颖矿物油250倍加以下任何一种药剂,25%噻嗪酮可湿性粉剂1 000 ～ 1 500倍,3%的啶虫脒乳剂1 500 ～ 2 000倍,10%的吡虫啉2 000倍。

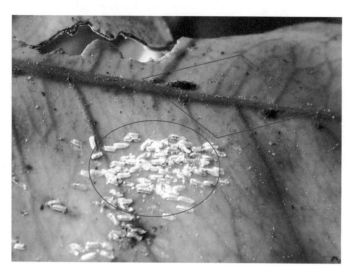

图41　矢尖蚧雌成虫(棱形内)与雄若虫(圆圈内)

 柑橘花蕾蛆主要发生在什么季节? 怎么防治?

(1)发生季节。花蕾蛆危害部位比较单一,只危害花器。所以其发生季节也比较固定,即开花期。在花蕾直径2 ～ 3毫米时,花蕾蛆成虫将产卵瓣插入花蕾中,并将产卵器中的卵输入其中。幼虫孵出后以花器为食。被害的花朵肿胀,停止生长,不能开放,表面密生绿色小点。被害花较正常花粗而短,形似灯笼,俗称灯笼花。

(2)防治方法。①在花蕾直径2 ～ 3毫米时,即成虫出土高峰期,实施地面浅翻灭蛹,或地面覆膜盖蛹。②于成虫大量产卵前,用药喷树冠1 ～ 2次。药剂:80%敌敌畏乳油1 000倍液＋90%晶体敌百虫800倍液。③在幼虫入土前,摘除所有灯笼花,煮沸15分钟。

柑橘锈壁虱主要发生在什么季节? 怎么防治?

(1)发生季节。当月平均温度15℃以上时,锈壁虱越冬成虫开始于幼叶上产卵;5月下旬至6月上旬由叶移向果实,6月下旬繁殖迅速,7月下旬至8月上旬繁殖最盛,果面上虫口密度达到高峰。9—10月后逐渐转向枝梢转移。锈壁虱侵染果实后,果皮呈灰绿色,后渐变为黄褐色、紫褐色乃至黑色。受害早的果实瘦小,皮厚,坚硬如石,品质极差;受害迟的果实,果形大小正常,呈锈色,果皮坚韧,不易剥落(图42)。

图 42　锈壁虱危害果(锈果)

(2)防治方法。抓住锈壁虱 7 月下旬至 8 月上旬盛发期,采取统一集资、统一购药、统一防治时间,组织专业队伍进行药物防治。1.8%阿维菌素 1 500 ～ 2 500 倍液或 73%克螨特 4 000 ～ 5 000 液,喷药 1 ～ 2 次,喷匀喷透就能有效地防治锈壁虱。

115　柑橘夜蛾主要发生在什么季节? 怎么防治?

(1)发生季节。柑橘夜蛾一般指吸果夜蛾,成虫以虹吸式口器插入果实中,吸食果实汁液,给果实表面造成针头大小刺孔,不易被发现。1 ～ 2 天后,刺孔周围可见木化边,湿度大时刺孔处出现腐烂(图43),干燥时刺孔略凹陷,呈黑色干腐,内部呈海绵状,被害果极易脱落。夜蛾类成虫的趋化性强,果实品质越好受害越重。果实成熟期与成虫发生期吻合程度越高,受害越烈。8 月上旬,早熟蜜橘接近成熟,吸果夜蛾开始危害,8 月中下旬至 9 月下旬为橘类受害期,10 月后为橙类受害期。吸果夜蛾成虫昼伏夜出,傍晚飞往橘园危害,晚上 7 时进入危害高峰期。

图 43　吸果夜蛾危害果

(2)防治方法。防治理念上,一是消灭幼虫及幼虫寄主,二是诱杀成虫。具体方法如下：①铲除幼虫寄主。吸果夜蛾幼虫以木防己、通草、十大功劳等杂草为食。在幼虫盛发期，可用灭生性除草剂喷洒幼虫寄主，切断幼虫食源，能有效控制成虫发生量，减少危害。②趋避成虫产卵。果实近成熟期，于果园喷洒气味强烈药剂。蜜橘可在 8 月中旬用药，椪柑、橙类 9 月中下旬用药，每隔 10 ～ 15 天用药 1 次，连用 3 ～ 4 次。药剂：2.5％高效氯氟氰菊酯乳油 1 000 倍液；3％的啶虫脒乳剂 1 500 ～ 2 000 倍液；10％的吡虫啉 2 000 倍液。③诱杀成虫。果实近成熟期，悬挂糖醋液挂瓶，实施成虫诱杀。挂瓶方法参见大实蝇挂瓶方法。

116 柑橘吉丁虫如何防治？

吉丁虫（又名爆皮虫）属鞘翅目吉丁虫科。1 年发生 1 代，以老熟幼虫在木质部越冬，少数低龄幼虫也能在韧皮部越冬。在宜昌 5 月中、下旬为出洞盛期。幼虫蛀食枝干形成层，被害处流胶并伴泡沫，严重危害引起枝干枯死。

防治措施：①加强田间管理。结合冬季清园，消除被害严重的枝、死树、树皮并集中烧毁，减少虫源。②药剂防治。在 4 月 20 日左右，用 48％默斩＋ 30 倍的黏土＋适量水，调匀涂抹枝干危害部位及周围，涂泥厚度 2 ～ 3 厘米，并用报纸或薄膜包捆，阻止成虫出洞产卵。自 5 月中、下旬开始，用 40％速扑杀或 48％默斩 1 000 倍液，连喷树冠 3 ～ 7 次，每次间隔 7 ～ 10 天。6—7 月，在流胶处或泡沫状流胶处，用凿或利刀削刮幼虫，再用 48％默斩 5 倍液涂刷危害部位及以上，灭杀初孵幼虫。

117 最近几年，哪些害虫有上升趋势？哪些病害有上升趋势？

近几年呈上升趋势的害虫有潜叶蛾、卷叶蛾、恶性叶甲、潜叶甲、恶性叶虫、椿象、蝉、蝗虫和蜗牛（图 44）。20 世纪发生较重的红蜘蛛、锈壁虱、蚜虫、介壳虫、黑刺粉虱则略有缓解。大实蝇依然是重要害虫，但不是主要害虫，相对 21 世纪初期，其危害得到有效控制，目前只是在零、散、边产区和高海拔地区危害较重。对于宜昌产区来说，潜叶蛾、叶甲类可上升为柑橘的主要害虫。

图 44　蜗牛危害状

在宜昌产区，随着三峡水位的上升，附生绿球藻、砂皮病、脂点黄斑病、疫菌褐腐病、溃疡病等有上升趋势。蜜橘产区，疮痂病、炭疽病、脂点黄斑病呈上升趋势。生理性缺素在各产区呈上升趋势。

118 　什么是柑橘园有害生物种群和种群结构？

种群是一定区域内同种生物个体的集合。柑橘园有害生物种群指在一定区域范围内，对柑橘生产有危害的同种生物的个体集合。种群动态必须建立在"同区域""同种类"的基础上，否则就不能称其为种群。

在生物群落中，各个生物种群分别占据着不同的空间和比例，从而使群落具有特定的结构，包括垂直结构和水平结构。

种群结构是一个生态学概念，是指种群内处于不同发育期的个体组成和分布格局，研究的是年龄组成、性别比例、出生率和死亡率等特征。

119 　柑橘病虫害防治如何做到因地制宜、对症实施？

柑橘病虫害防治要达到因地制宜、对症下药的要求，必须综合考虑有害生物、寄主、气象、天敌、立地条件五大因素。防治上，既要考虑有害生物的种群结构、发生程度、发育进度、田间分布等因素，又要考虑寄主植物的品种、布局、生长期、生长势、种植年限等因素，还要考虑温、光、水、气、风等气象因素；同时，天敌的种类、数量、虫态、转移寄主等因素，也会影响到用药情况；最后不得不考虑的是果园的朝向、坡度、海拔、土壤类型等因素，因为这些因素也直接影响着有害生物防治的效果。这是因为各种因素都影响到药剂品种、用药浓度、施用时间、喷洒场所及用药次数。

例如，2006年以前，秭归柑橘产区有害生物种群结构以红蜘蛛、黄蜘蛛、炭疽病为主，药剂组合为杀螨剂加真菌剂，防治时间以春梢、秋梢抽发为主；2006年后，大实蝇为该区域的主要有害生物，防治药剂以糖醋液、橘丰、果瑞特等食物引诱剂为主，防治时间集中在5月中下旬至7月中下旬；2012年后以砂皮病、附生绿球藻为重要防控对象，施用药剂以杀菌剂灭藻药为主，防治时间以3—5月为主；2016年后潜叶蛾暴发成灾，药剂组合则为杀虫剂加杀菌剂或灭藻药。

再如，柑橘花期不能用锡制剂，夏季高温季节不能喷施高倍量的石硫合剂、波尔多液等碱性农药，幼果期不能喷施高浓度炔螨特等，否则就会产生不同程度的药害。

又如，防治大实蝇时必须考虑成虫出土时间，出土初期，防治场所以果园四周为重点，产卵期则以果园为重点；蛆果摘除时，橘园就必须9月下旬结束，橙园就可延迟到10月下旬；如果低山第一次药剂是5月上中旬，500米以上区域就延迟到5月中下旬；如阳坡园防治时间是6月上旬，阴坡田可能会推迟到6月中旬，甚至6月下旬。

还有，防治溃疡病、黄龙病时必须先控制住潜叶蛾、柑橘木虱这类传毒媒虫。

害虫的种类、习性更决定着药剂的类型。

　　总之因地制宜、对症下药是一个综合而又复杂的问题,只有在知晓寄主生长近况、掌握有害生物发生动态、了解外界环境条件的前提下,才能做到心中有数、融会贯通。

二、温州蜜柑种植实用技术

 温州蜜柑的栽培历史如何？

温州蜜柑原产于我国，据史书记载，已有 2 400 多年栽培历史。唐代温州柑橘被列为贡品，至明代，日本高僧智慧从天台国清寺取经回国，途经温州江心寺，把温州柑橘引入日本，后经改良成为皮薄无核、味甜如蜜的温州蜜柑。1916 年后，经日本改良的温州蜜柑新品系，如宫川号、兴津号、山田号、石川号等又引回温州繁殖栽培。温州蜜柑极易产生芽变，目前在生产栽培的就有近 300 个品系，并且新的变异品系也在不断推出。

 温州蜜柑的生长结果习性如何？

温州蜜柑结果母枝的粗度因品系母枝类型、长势的不同有所差异，早熟品系枝梢较中熟品系细，春梢也比秋梢的母枝细短，大多数结果母枝的粗度为 0.18～1.48 厘米。温州蜜柑坐果率的高低与品系、砧木、结果枝类型、树龄、树势、开花期、气候等条件有关，秋梢坐果率比春梢母枝高，随着粗度的增加，坐果率有上升的趋势，平均坐果数也增多。春梢、夏梢、秋梢或落花落果枝、采果枝、多年生基枝均可成为温州蜜柑的结果母枝，成年树秋梢是主要的结果母枝，随着结果年龄的增大，春梢将成为主要结果母枝，所以粗壮充实的春梢、秋梢是温州蜜柑的丰产基础。早熟品系产量和坐果率都比中熟品系低，在生产上主要通过矮化密植来达到早产、丰产、稳产、优质的目的。

 温州蜜柑的区域布局如何？

温州蜜柑在我国南方柑橘栽培区域均有分布，经过多年的发展，现形成了以云南玉溪为主的全国成熟期最早的温州蜜柑生产基地，湖南石门、湖北宜昌为主的全国连片面积最大的温州蜜柑基地，浙江东部设施及高品质温州蜜柑基地，以湖北丹江口和陕西汉中为主的中国北缘温州蜜柑生产基地。宜昌是温州蜜柑的最适区，被誉为世界温州蜜柑的核心产区。

123 温州蜜柑对栽培环境条件有哪些要求?

影响温州蜜柑栽培的外部环境条件主要包括温度、水分、光照、土壤、风和地势。有效积温 5 000℃以上,1 月平均温度 5℃以上且最低温绝对不能低于−9℃,花期和生理落果期气温超过 36℃会加剧生理落果;温州蜜柑喜欢多湿,年降水量 1 200～2 000 毫米较为适宜;温州蜜柑虽较耐阴,但其生长发育仍需充足光照,但夏季过强直射光易增加日灼果和枝干裂皮;喜土层深厚而组织轻松的土壤,要求有机质含量 2%～3%,pH 值 5.5～6.5。

124 宜昌适宜发展的温州蜜柑优良品种有哪些?

适宜在宜昌发展且栽培较多的温州蜜柑主要品种:特早熟的大分、日南 1 号、大浦温州蜜柑,早熟的龟井、宫川、兴津、国庆 1 号,中熟的尾张。

125 日南 1 号品质及表现如何?

日南 1 号特早熟温州蜜柑,原产于日本。树势强,枝叶不太密,节间长,连续结果能力强。果实扁圆形,平均单果重 120 克左右,果面光滑,油胞小而密,成熟时呈深黄色,果肉化渣汁多,风味好。9 月底到 10 月初成熟上市,延迟采收果实不会浮皮。

126 大分品质及表现如何?

大分特早熟温州蜜柑,原产于日本。树势较强。果实扁圆形,果皮薄而光滑,果面全着色较宫本略迟,但色较浓,降酸增糖快,成熟时果肉质地柔软、化渣性好、风味浓。9 月中下旬成熟,若果实延迟到 10 月采收易发生浮皮。

127 宫本品质及表现如何?

宫本特早熟温州蜜柑,原产于日本。树势中等偏弱,叶稍小,淡绿色,枝条密生易形成丛生枝,高接树初期树势强盛,新梢生长旺盛,易成徒长枝,枝条下垂性强,结果习性好,树势容易变弱。果实中等大,果形扁平,平均单果重 105 克左右,果面光滑,果皮薄,易剥皮,减酸较快,果肉细嫩化渣,酸甜可口,综合品质性状好。9 月中旬着色,9 月中下旬成熟上市,延迟采收易浮皮,风味变淡,品质下降。

128 大浦品质及表现如何?

大浦特早熟温州蜜柑原产于日本,为宫川芽变。树势较强。果实扁圆形,中等偏大,平均单果重 150 克左右,果皮中等厚,果面平滑或略粗糙,果实含糖量中等,减酸较慢。9月中旬开始着色,10月中旬完全着色,9月底10月初成熟上市,可留树贮藏到10月下旬,通常不发生浮皮现象。

129 国庆1号品质及表现如何?

国庆1号早熟温州蜜柑,系华中农业大学章文才教授等人从宜昌市窑湾2大队(现大树湾村)龟井温州蜜柑中选出。树势中等,耐贮藏,耐寒。果形扁圆,平均单果重125～150克,成熟时橙红光滑,皮薄,囊皮化渣,肉质细润,甜酸适口,风味浓。9月底至10月上旬成熟。

130 鄂柑2号(光明早)品质及表现如何?

鄂柑2号早熟温州蜜柑是宜都市农业局与华中农业大学、宜都市红花套镇农技站于1974年开始,从定植在宜都市红花套镇光明村普通龟井温州蜜柑中选育、培育出来的早熟温州蜜柑品系,商品名光明早。树势开张,叶片大,生长势强,适应性强,丰产性好,大小年幅度不明显。果实高扁圆形,平均单果重130～150克,中心柱充实,成熟时风味浓郁,爽口化渣。9月下旬开始着色,10月上中旬成熟上市。

131 兴津品质及表现如何?

兴津早熟温州蜜柑原产于日本。树势强健,树冠紧凑,枝梢分布均匀,生长旺盛,叶片中等大。果实高扁圆形,平均单果重130克左右,完全成熟时果皮橙色,果面较光滑,肉质细嫩化渣,甜酸可口。丰产性好,适应性广。10月上中旬成熟上市。着色期间注意防治日灼病。

132 龟井品质及表现如何?

龟井早熟温州蜜柑树势较弱,树形矮小,叶小质厚。果实扁圆形或短锥状扁圆形,果中等大,果皮较薄,油胞突出,平均单果重80～100克,果实完全成熟时果肉橙红色,中心柱较小,囊瓣大小均匀,囊衣薄,化渣,风味甜酸。10月上中旬成熟,耐寒性较强,但对水肥要求较高,易裂果。

133 宫川品质及表现如何?

宫川早熟温州蜜柑原产于日本。树势中等,树姿开张,丛生枝多,叶较小。果实较大,平均单果重120～150克,大小不整齐,扁圆形或倒圆锥状扁圆形或高扁圆形,果皮较厚,成熟时果色橙黄至橙色,甜酸适度,风味浓,囊壁薄,细嫩化渣。10月上中旬成熟,耐寒性强,适应性广。

134　尾张品质及表现如何？

尾张温州蜜柑树冠高大，树势强壮，大枝开张，披垂性强，叶片肥大，深绿色。果实扁圆形，平均单果重 120 克左右，果皮橙色，味甜酸，汁多，囊壁较厚。成熟期 11—12 月，耐贮运。尾张分大叶尾张和小叶尾张，大叶尾张树形紧凑，果实整齐，丰产性强。尾张是全脱囊衣糖水橘瓣罐头的加工原料品种之一。

135　南柑 20 号品质及表现如何？

南柑 20 号温州蜜柑原产日本，系尾张温州蜜柑的芽变，1966 年引入我国。树势中等，大枝开张，树梢向下披散，分布均匀，萌枝力强，叶片小，结果能力较强。果实扁圆形，果顶平而圆钝，平均单果重 110～120 克，果色橙黄，囊壁较尾张薄，较早熟温州蜜柑厚，较化渣。成熟期较尾张温州蜜柑早 10 天左右时间，果实耐贮运。

136　温州蜜柑种植密度如何确定？

根据品种特性确定合理的栽植株行距，以成年橘园有 50 厘米以上的行间距，株间交叉可控为标准。在不使用大型果园机械的情况下，当前不同熟期的温州蜜柑经济有效的永久定植密度为：特早熟温州蜜柑按（1.5～2）米×3.5 米株行距定植；早熟温州蜜按 3 米×4 米株行距定植；中熟温州蜜柑按 4 米×5 米的株行距定植。为提高建园初期产量，可按计划密植的方式加大定植密度，随着树冠逐步形成，按设计方案逐步疏株；随着机械化省力化的发展，矮砧宽行窄株是今后发展趋势，行距须进一步加大，以适应机械操作。

137　温州蜜柑全年施肥总量如何确定？

温州蜜柑施肥量的确定，需要考虑对营养状况、柑橘品种、树体生长发育情况、柑橘结果及对果实品质的要求等因素。针对土壤养分的需求特点，根据高产、优质柑橘对养分的需求特点，提出以下施肥建议：每 667 平方米产量 3 000 千克以上，每 667 平方米施有机肥 2～4 吨、氮肥 25～33 千克、磷肥 8～12 千克、钾肥 20～30 千克；每 667 平方米产量 1 500～3 000 千克，每 667 平方米施有机肥 2～3 吨、氮肥 20～35 千克、磷肥 8～10 千克、钾肥 18～25 千克；每 667 平方米产量 1 500 千克以下，每 667 平方米施有机肥 2～3 吨、氮肥 15～20 千克、磷肥 6～8 千克、钾肥 12～20 千克。

138　温州蜜柑肥料使用原则有哪些？

（1）大量元素和中、微量元素配合。由于大量元素和中、微量元素的生理功能互相不可代替,因此不可缺少。若缺少某一种元素,就会产生营养失调,出现缺素症,影响树势和产量。

(2)有机肥和无机肥配合施用。有机肥和无机肥配合施用能充分发挥肥效。果园大量施用有机肥,可改良土壤物理性状,改善土壤团粒结构,有利根系生长;同时有机肥分解产生的腐殖酸,有吸收铵、钾、钙和铁离子的能力,可减少化肥的损失。

(3)不可随意混用肥料。有些肥料混合后,会引起肥料的损失,降低肥效,或使肥料的物理性变坏,不便施用。如硫酸铵、硝酸铵、碳酸氢铵不能与碱性肥料混合,腐熟的粪尿不能和草木灰、钙镁磷肥等碱性物质混合,混用会引起氮素的损失。

 温州蜜柑进入盛果期后如何施肥?

温州蜜柑进入盛果期后,施肥量应根据结果量及树势等因素来确定,即看树施肥。结果多、生长势弱的树多施,结果少、生长旺盛的树少施。一般情况下,施肥时间及比例如下:

(1)催芽肥。一般是看树补肥。预计当年花量大、春梢难于抽发的树,要追施催芽肥。施肥量为全年总施肥量的5%～10%,以速效氮肥为主。施催芽肥不宜过迟、过量,若遇干旱天气,须与灌水结合。树势强健、预计花量少的,可免施催芽肥。

(2)稳果肥。施肥的目的在于提高坐果率,树势强、春梢多、花果量少的树可免施。以速效氮肥为主,在花谢后,每株成年树施0.15～0.25千克尿素。

(3)壮果肥。施肥的目的是促进果实膨大、促发早秋梢、促进花芽分化。在第一次生理落果后至第二次生理落果之前,施入壮果促梢肥,一般为6月上旬至7月上旬,施肥量占全年总施肥量的40%～45%,以速效无机肥配合生物有机肥或腐熟的农家肥为主,适当增加磷钾肥用量。环状或放射状或条状沟施。

(4)还阳肥(基肥)。施肥的目的为恢复树势、继续促进花芽分化、充实结果母枝、提高树体抗寒越冬能力、为来年结果打下基础。此次施肥须在11月中旬以前完成,即在10月中下旬至11月上旬施下;对早熟品种,在10月中下旬施下;对中熟品种,采果前7天左右施下为宜,一般在11月上中旬。施肥量占全年总施肥量的45%～50%,肥料以有机肥(生物有机肥、菜饼、渣肥等)为主,配施适量速效性化肥。

 温州蜜柑叶面追肥有哪些注意事项?

(1)要在关键时期应用。花期果树需硼量大,因硼能促进花粉萌发和花粉管的伸长而延长花期,故花期喷硼能提高坐果率。

(2)要掌握合理的浓度。在不发生肥害的前提下,喷洒的浓度越高越好。生长季叶面喷肥的浓度一般为0.2%～0.5%。萌芽前浓度可稍高,如用2%～3%的尿素,3%～4%的硫酸锌(用于缺锌的果园)。

（3）选择合理的肥料。在氮肥中以尿素应用最多，且肥效较好，在磷、钾肥中一般用磷酸二氢钾。其他如小叶病用硫酸锌，黄叶病用硫酸亚铁（0.3%～0.5%）。

（4）选择合适的喷肥时间。夏季喷肥时，最好在上午10时以前，下午4时以后进行，过晚或过早，因水分迅速蒸发会降低喷肥效果。

（5）选择最适的喷洒部位。微量元素在树体内流动较慢，最好施于需要的器官上。

（6）注意喷洒的次数。叶面追肥的浓度一般较低，须连喷2～3次才有效果。

（7）着重喷洒叶片背面。叶片背面气孔多，有疏松的海绵组织和较大的细胞间隙，有利于肥液的渗透和吸收。

（8）合理混施。把肥液和某些药剂配合应用，不仅能增效，省工省时，而且还兼治其他害虫，但要注意随配随用。混配药剂时，不能产生化学反应或沉淀。

（9）要有适宜的喷洒量。肥液在叶片上呈欲滴未滴的状态。

（10）防止产生肥害。叶面追肥最好在叶片长到一定大小时进行，树种不同产生药害的浓度也不同。

 温州蜜柑施肥不当产生肥害后如何挽救？

施肥后见枝条基部老叶枯焦脱落时，应迅速将施肥部位的土壤扒开，用清水浇洗施肥穴内土壤，以冲淡土壤肥液浓度，并切断已烂死的粗根，再覆新土。刮除根颈、主干部位烂皮，涂杀菌药剂，防止烂斑蔓延，并剪除枯枝。

施肥时的注意事项：①严格按植株生长、结果的需求科学确定施肥量，并选用合理的施肥方法。②由于有机肥在腐熟过程中会产生大量热量，为避免烧根，必须充分腐熟后才能施用。③遇干旱天气，施肥后要注意灌水。④柑橘树是对氯敏感作物，要特别注意施肥量与施肥方法。通常柑橘成龄结果大树一次氯化钾施用量不超过1千克/株，低龄树相应减量，施用时须与土壤混匀，不宜连年长期施用，2～3年后应停施1～2年。

 温州蜜柑果园适宜种植的绿肥种类有哪些？如何种植？

冬季绿肥主要有肥田萝卜、油菜、燕麦、黑麦、紫花豌豆、箭舌豌豆、苕子、黄花苜蓿、紫云英、蚕豆、黑麦草等。夏季绿肥主要有大叶猪屎豆、豇豆、饭豆、绿豆、百喜草等。在间种绿肥时应以冬季绿肥为主，冬、夏季绿肥相结合。间种作物必须以不妨碍柑橘生长为前提，刚定植的幼年树应留出直径1米的树盘，以后随着树冠扩大，间种面积应逐年缩小，保持行间生草、果树带无草，树冠封行后停止间作。

 温州蜜柑修剪的基本方法有哪些？

（1）短截。短截（短切、短剪）将枝条剪去一部分，保留基部一段。短截能促进分枝,刺激剪口以下 2 ~ 3 个芽萌发壮枝,有利于树体营养生长。整形修剪中主要用来控制主干、大枝的长度,并通过选择剪口顶芽调节枝梢的抽生方位和强弱。

(2)摘心。新梢抽生至停止生长前,摘除其先端部分,保留需要长度。摘心能限制新梢伸长生长,促进增粗生长,使枝梢组织发育充实。摘心后的新梢,先端芽也具顶端优势,可以抽生健壮分枝,并降低分枝高度。

(3)疏剪。枝条从基部全部剪除。通常用于剪除多余的密枝、弱枝、丛生枝、徒长枝等。疏剪可改善留树枝梢的光照和营养分配,调节树冠生长和结果的矛盾使其生长健壮,有利于开花结果。

(4)回缩。剪去多年生枝组先端部分。常用于更新树冠大枝或压缩树冠,防止交叉郁闭。回缩反应常与剪口处留下的剪口枝的强弱有关。回缩越重,剪口枝萌发力和生长量越强,更新复壮效果越好。

(5)抹芽放梢。新梢萌发至 1 ~ 3 厘米长时,将嫩芽抹除。由于柑橘是复芽,零星抽生的主芽抹除后,可刺激副芽和附近其他芽萌发,抽出较多的新梢。反复抹除几次,到一定的时间不再抹除,让众多的萌芽同时抽生,称放梢。

(6)拉枝、撑枝、吊枝。幼树整形期,可采用绳索、竹竿和石块等重物吊枝等方法,将植株主枝、侧枝改变生长方向,调节骨干枝的分布和长势,培养树冠骨架。拉枝能削弱大枝长势,促进花芽分化和结果。

(7)扭梢。新抽生的直立枝、竞争枝或向内生长的临时性枝条,在半木质化时,于基部 3 ~ 5 厘米处,用手指捏紧,旋转 180°,伤及木质部及皮层的称扭梢。其作用是阻碍养分运输,缓和生长,促进花芽分化,提高坐果率。

(8)环割。利用刀割断大枝或侧枝韧皮部(树皮部分)一周。环割只割断韧皮部,不伤木质部,暂时阻止养分下流,使碳水化合物在枝、叶中高浓度积累,以改变上部枝叶养分和激素平衡,促使花芽分化或保证幼果的发育,提高坐果率。

144 如何培养温州蜜柑优良丰产树形?

早熟温州蜜柑树冠高 2.5 ~ 3.0 米,中熟温州蜜柑树冠高度可以略高,主干高度 40 厘米,主枝 3 ~ 4 个,每个主枝上着生 2 ~ 3 个副主枝。春季修剪后,主枝、副主枝、枝组分布均匀、透光好,"上看花花天,下看筛子眼",即从树底向上看可以透过树体看见一束束的阳光,树盘下斑驳疏影有致,阳光像通过筛眼一样以一个个小孔均匀地洒在树盘下。

145 温州蜜柑幼树期修剪要点如何?

温州蜜柑幼树期修剪以扩大树冠为主,轻剪为宜。选定中央干延长枝和各主枝、副主枝延长枝后,对其进行适度至重度短截或摘心,并以短截程度和剪口芽方向调节各主枝之间生长势的平衡。除对过密枝群作适当疏删外,内膛枝和树冠中下部较弱的枝梢一般均应保留。

夏梢、秋梢摘心。对幼树生长过长的夏梢、秋梢最好进行摘心。当枝梢长到6～8片叶时便摘心去顶,以促发第二次夏梢、秋梢,增加分枝,提早形成树冠。欲结果前一年的秋梢不宜摘心,以免影响来年产量。

抹芽放梢。在夏、秋季嫩梢2～3厘米时进行抹除,待全树大部分末级梢都有三四条新梢萌发时,即停止抹芽,进行放梢。放梢时间一般在7月下旬至8月上旬,9月中旬后抽发的新梢全部抹除,促进枝条生长充实,增强树体抗寒能力。

幼树冬季修剪。主要是剪除病虫枝、过密枝。

146 温州蜜柑初结果期树如何修剪?

温州蜜柑初结果期短截处理各级骨干枝延长枝,抹除夏梢,促发健壮早秋梢。对过长的营养枝及时摘心,回缩或短截结果后的部分枝组。抽生较多夏梢、秋梢营养枝时,可进行"三三三"处理:短截1/3长势较强的,疏去1/3衰弱的,保留1/3长势中庸的。秋季对旺长树采用扭枝、断根、控水等措施促进花芽分化。

147 温州蜜柑进入盛果期后如何修剪?

温州蜜柑进入盛果期后,容易出现大小年结果现象,修剪方法应因挂果量的多少而有差异。

大年树修剪宜稍重,在春季萌芽前疏剪郁闭大枝,疏去部分弱的结果母枝(10厘米以下、无叶或少叶母枝)、密生枝、交叉枝,保留健壮的成花母枝(10～15厘米)。疏去无叶花序枝和部分无叶单花枝,促发营养枝。回缩衰退结果枝组及夏梢、秋梢结果母枝,进行枝组轮换更新。对较拥挤的骨干枝适当疏剪开出"天窗",将光线引入树冠内膛。

小年树修剪方法。应尽量保留强壮枝梢,使其多结果,春季待萌芽现蕾后,视花量多少修剪,对少花树尽量保留花朵,坐果后夏季疏去没有开花、坐果的衰退枝群,疏去部分春梢营养枝,使营养枝与结果枝比例保持在6:4或5:5,抹除夏梢,适时放早秋梢。采果后,回缩衰退枝组,疏删交叉枝、密枝、弱枝、病虫枝。

148 温州蜜柑如何进行花期修剪?

花期修剪的总体原则是花多疏花、梢多疏梢。以疏剪为主,以短截为辅,剪小枝而不剪大枝组,突出一个"疏"字。重点是疏剪无叶多花的"鸡爪花枝"(5厘米以下多花枝)和"串串花枝"(10～20厘米无叶多花枝),冠内衰弱枝采取疏剪与短截相结合,对突出冠外30～40厘米健壮花枝短剪1/3,对50厘米以上强枝和30厘米以下的弱枝不能短剪。对于梢多的树以疏梢为主,特别是要疏除突出冠外的直立强枝,剪口要平滑,切忌"打桩"。对于树势强健的,应疏除强壮花枝,保留长势中等花枝;对于树势中等的,保留中庸花枝,并与短剪相结合;对于树势较弱的,保留较强壮花枝,对中庸花枝可保留全树的 1/3 ～ 1/2,疏除全部弱枝梢。

149 温州蜜柑的夏季修剪如何操作?

温州蜜柑夏季修剪的主要对象是成年结果树,目的是促发良好的结果母枝(晚夏梢、早秋梢),为来年丰产奠定基础。

修剪时间一般在 6 月中旬至 7 月上中旬,树势弱的、挂果多的、立地条件差的橘园或橘树可适当提早进行。

常规管理(不进行交替结果)的温州蜜柑园,其结果树修剪方法主要是以短剪为主,疏剪结合。对于挂果多的树,夏剪可结合疏果进行,主要是短剪落花落果枝组、内膛衰弱枝组、徒长枝、大年顶柑枝等,剪口粗度不宜过细,不低于香烟粗度为宜;对于挂果少的树或者空怀树,以疏剪为主,适当短剪,改造树形,控制冠幅。

注意事项:①夏季温度高,阳光直射,枝干易灼伤,应注意控制好修剪程度,落叶量以不超过总叶片数的 20% 为宜。保护好裙枝、内膛枝。②因花量集中在梢的前端,第二年欲结果的枝条不宜短截、摘心。③抹芽放梢,抹去短截后萌发的顶芽,集中放梢。挂果多的树集中在 6 月中下旬放梢,挂果适中的树在 7 月上旬放梢。

150 怎样对温州蜜柑进行大枝修剪?

柑橘大枝修剪是以成年树为对象,重点疏除树冠中、上部影响光照的过密大枝,使树冠开张,造就树冠凹凸、通风透光、立体结果的一种省力化修剪方法。主要在春季进行,修剪方法以疏剪和回缩修剪为主。一般在春季发芽前进行,修剪对象是树冠郁闭、树体结构零乱、结果部位外移的成年橘园。按照每树 3 ～ 4 个主枝,每主枝 2 ～ 3 个副主枝,将树冠中、上部直立性大枝或过密大枝从基部锯除,降低树冠高度,俗称"开天窗";将主枝上直立强枝、过密粗枝、交叉型大枝以及贴近地面的大枝锯除,俗称"开侧窗";回缩衰退的大枝、交叉枝、结果后的枝组。主枝、副主枝过多的树,锯大枝分 2 ～ 3 年完成。大枝修剪后,锯口、剪口附近常会抽发一些徒长枝,背上的徒长枝(俗称骑马枝)一律疏除,如果不及时疏除会形成新的、影响光照的直立大枝,有空的地方要及时摘心加以利用培养成结果母枝。通过大枝修剪将树冠高度控制在 2.5 ～ 3.0 米,形成排列均匀的 3 ～ 4 个主枝,每主枝配备 2 ～ 3 个互相错开的副主枝,树体矮化、树冠开张的自然开心形树冠。行间距保持 50 厘米以上。

151 什么是温州蜜柑萎缩病？怎样对其进行防治？

温州蜜柑萎缩病又名温州蜜柑矮缩病。病原为线虫传多面体病毒，为温州蜜柑的重要病害。感病春梢新芽黄化，新叶变小，叶片明显两侧反卷，常凹凸不平，呈船形叶，有时出现叶斑、条纹等鳞皮病症状，新叶展开时产生斑驳，呈匙形叶，又类似龟尾叶，新梢发育受阻，全树矮化，枝叶丛生，初期引起果实变小，后期引起果皮粗厚。主要危害春梢，气温在30℃以上时不表现症状。

防治措施：①通过指示植物（白芝麻）鉴定，筛选无病毒优良母株，培育无病毒苗木。②检查园区，挖除病株。③嫁接刀或修枝剪等工具，可用1%次氯酸钠液或20%漂白粉液（或10倍漂白粉液）进行消毒，将工具和棉布块一起浸入消毒液1～2秒钟，修剪时常用带药棉布块擦拭刀刃部。

152 温州蜜柑黄斑病的症状及防治技术有哪些？

症状：受害植株的一个叶片上可生数十或上百个病斑，使光合作用受阻，树势被削弱，引起大量落叶，对产量造成一定影响。嫩梢受害后，僵缩不长，影响树冠扩大。果实被害后，产生大量油瘤污斑，影响商品价值。果上症状病斑常发生在向阳的果实上，仅侵染外果皮，初期症状为疱疹状污黄色小突粒，此后病斑不断扩展和老化，点粒颜色变深，从病部分泌的脂胶状透明物被氧化成污褐色，形成1～2厘米的病健组织分界不明显的大块脂斑。

防治措施：①加强栽培管理，特别对树势弱、历年发病重的老树，应增施有机质肥料，并采用配方施肥，促使树势健壮，提高抗病力。②抓好冬季清园，扫除地面落叶集中烧毁或深埋。③药剂保护。结果树在谢花2/3时、未结果树在春梢叶片展开后，开始第一次喷药防治，相隔20天和再相隔30天左右各喷药1次，共2～3次。可选用50%多菌灵可湿性粉剂800～1 000倍液，或75%百菌清可湿性粉剂600～700倍液。也可在梅雨之前2～3天喷第一次农药，隔1个月左右再喷1次，可喷多菌灵和百菌清混合剂（按6：4的比例混配）600～800倍液，亦可选用70%代森锰锌可湿性粉剂500倍液，或波尔多液、托布津、退菌特等农药防治。并可兼治疮痂病。

153 温州蜜柑树干流胶病是怎么回事？如何防治？

流胶病主要危害主干，亦危害主枝，影响树势，严重时病部可扩展引起树干环剥，导致植株干枯而死亡。病斑不定形，病部皮层变褐色，水渍状，常有裂口和流胶，叶片黄化后容易引起落叶，枝干干枯而死。以高温多雨的季节发病较重，菌核引起的流胶以冬季为重。果园长期积水、土壤黏重、树冠郁闭有利其发生。

防治措施：①注意开沟排水，改良果园生态条件，夏季进行地面覆盖，冬季进行树干刷白，加强蛀干害虫的防治。②在病部采取浅刮深刻的方法，即将病部的粗皮刮去，再纵切裂口数条，深达木质部，然后涂以50％多菌灵可湿性粉剂100～200倍液，或25％瑞毒霉可湿性粉剂400倍液。

 154 **危害温州蜜柑的天牛种类有哪些？如何防治？**

危害温州蜜柑的天牛有星天牛、褐天牛、光盾绿天牛、蔗根锯天牛和长牙土天牛等，以星天牛、褐天牛危害最广、最甚。

防治措施：①种植时让柑橘根颈部露出地面，加强栽植后的管理，勤中耕除草，科学用肥。②6月中旬至7月及时剪除枯枝带到园外烧毁，以杀灭幼虫。剪除枯枝时伤口要削平，并涂上保护剂，使其愈合良好。冬季清园，枝干上有洞口的用水泥、河沙或黏土堵塞，使树干表面保持光滑。可在产卵盛期过后挖卵和初孵幼虫。③在采果后用涂白剂（生石灰2份、食盐0.5份、石硫合剂0.2份、水10份）涂根颈、主干、主枝。④保护天牛天敌——天牛茧蜂和寄生卵的长尾啮小蜂。此外，啄木鸟也是天牛的天敌，也应加以保护。⑤清明节和秋分节前后检查树体，发现有新鲜虫粪处，用铁丝掏净洞孔内的木屑状虫粪后，用脱脂棉蘸药塞入虫孔内，也可用注射器（不带针头）注入药液。常用药剂有80％敌敌畏乳油5～10倍液（蘸药）、20倍液（注射），用完药后封塞洞孔。⑥天牛成虫出洞前的5月上中旬，用涂白剂（配方同前）涂白根颈、树干、主枝（涂后3小时内下雨应补涂1次）。涂含药的泥浆防效更好，方法是黏性土泥浆加80％敌敌畏乳油20倍液，涂抹主干、主枝和根颈部。防星天牛5月中旬涂1次即可，防褐天牛7月底再涂1次。⑦天牛成虫出洞前，每隔1周在主枝、主干、根颈部喷80％敌敌畏乳油1次，药液要喷透，以喷至沿树干流向根部为止，防效可达80％，以后再有针对性地刮杀卵和幼虫。此法消除了当发现树干有虫时，幼虫已蛀入皮层造成危害的弊端。

155 **温州蜜柑疏果有哪些具体指标？如何操作？**

就温州蜜柑以叶果比而言，（20～35）：1是确定疏果的标准，生产中主要疏除畸形果、病虫果、中下部过小果，一般在第二次生理落果结束后至采收前进行。为了平衡结果，也有在夏季修剪时将大年疏除部分果，以果换梢，保证第二年的产量，减轻大小年。通过疏果可显著提高果实大小均匀度，其技术要领：

（1）疏果时间。分三次进行，第一次6月下旬至7月上旬、第二次8月上中旬，第三次为9月中旬到至采果前。

（2）疏果比例。早熟温州蜜柑按叶果比40：1或按每立方米20个的密度疏除多余的果实，中熟温州蜜柑按叶果比30：1或按每立方米25个的密度疏除多余的果实。

（3）疏除对象。病虫果、畸形果、直立顶果。

 温州蜜柑果园控水增糖技术要领有哪些？

柑橘园进行地面覆膜最早应用于日本，目的是控水增糖，是目前提高柑橘果实品质的一项重要的栽培技术。覆膜是通过在柑橘果实生长后期进行地面覆盖无纺布、聚乙烯薄膜或者禾秆杂草，以透气防雨的无纺布效果最好，达到控制土壤水分适度干旱，促进糖分积累，进而提高品质的目的。温州蜜柑的覆膜在果实开始转色时进行，在湖北宜昌以 8 月中下旬为宜，选择土壤湿度较小时进行。否则会因土壤湿度较大在膜内水分不易蒸发起到相反的作用，不仅达不到控水的目的，相反会使土壤长期处于高湿状态，这是覆膜增糖技术成功的关键。覆膜前整平翻耕的土壤，减少突起，避免刺破地膜。平地果园按照行向覆膜，坡地果园顺坡进行铺设。地膜连接处用包装胶带纸黏合，防止雨水向土壤浸透。树干周围的地膜要扎紧粘牢，以防止雨水渗入树盘内。覆膜后要定期检查，若出现地膜破损，应在破损处盖上新膜并用胶带粘牢。

在做好以上工作的基础上，还要做好以下三点：①延迟采收。适当延迟采收有利于糖分的进一步积累，有利于果面着色度和化渣程度的提高。在保证果实不受霜冻的前提下，一般比正常采收延迟 15 ～ 30 天采收为宜。延迟时间过长则会导致果实浮皮、落果、抗逆性下降以及影响翌年结果。②减轻浮皮。在果实成熟期要加强橘园的通风，保持橘园土壤干燥。减少氮肥的使用量，夏肥施肥时间不能迟于6 月下旬；果实转色前喷施 1%～ 2%的钙制剂（碳酸钙等）1 次，增进果皮结构的牢固程度、减少浮皮。③采后管理。果实采摘后及时回收可用农膜，对不能再利用的农膜应进行无害化处理。并及时灌水和施肥，以恢复树势，促进花芽分化，为第二年丰产优质打好基础。

 温州蜜柑隔年交替结果技术要领如何掌握？ 要注意哪些问题？

交替结果通过将橘园一分为二，人为的设置休闲园和生产园（结果园），休闲园采用全疏果为无果状态；生产园为满负荷状态，一年收获两年的产量，大年小年产量一个样。

交替结果成功的关键在于休闲园（树）的管理，以休闲树发出数量相当、良好的结果母枝为标准，主要是春季短剪、回缩结果母枝，控制结果部位外移，轮换更新结果枝组，夏季再进行复剪。休闲园施肥以夏季施肥为主，秋、冬季施肥为辅。夏季施肥宜在夏季修剪前 10 ～ 15 天进行，秋、冬季施肥在 11 月上中旬前完成，夏季每667 平方米推荐施用有机无机复混肥（有机质≥25%，氮磷钾≥30%）50 ～ 100 千克,或施用腐熟菜籽饼 100 千克加氮磷钾三元素复合肥 50 千克左右。秋、冬季施肥每 667 平方米推荐施用 30%～45%氮磷钾三元素复合肥 50 千克左右。

结果园全年轻修剪,春季疏除树冠中上部少量直立大枝和内膛过密枝、病虫枝,清除树冠下部离地面 50 厘米内的裙枝;夏季适当疏除少量中下部的小果、病虫果以及畸形果。结果园施肥以夏季施肥为主,秋、冬季施肥为辅。夏季施肥在 6 月上中旬进行,秋、冬季施肥在采果后进行。夏季施肥宜根据产量和土壤营养状况施肥,一般每 667 平方米施用 30%～45%氮磷钾三元素复合肥 100～150 千克,建议采用测土配方施肥。秋、冬季施肥每 667 平方米施用有机无机复混肥(有机质≥25%,氮磷钾≥30%)50 千克左右＋腐熟菜籽饼 50 千克等有机肥。

 温州蜜柑完熟栽培需要注意哪些问题?

完熟栽培是指在栽培过程中使果实在自然或人为条件下充分成熟采摘,保持果品固有性状和风味的栽培技术。需要注意以下 6 点问题:

(1)选择树势良好及结果量适中的柑橘树作为完熟栽培的施行植株,但是植株的长势也不能太过旺盛,树势以选择中庸或偏弱的成年树最好。

(2)实施完熟栽培,由于后期水、肥的控制,树体会表现出一定的脱水、脱肥现象,因而要加强采后肥的施用,以恢复树势,促进花芽分化。

(3)采用柑橘完熟栽培技术后,柑橘果实成熟期刚好是冬季,冬季雨水少,所以为柑橘采前控水提供很好的保障。需要注意的是,采果前 20～30 天,果园不能灌水。若遇多雨天气可在雨前采用反光膜覆盖地面,可以达到增加散射光和保持土壤干燥的目的,减少浮皮果发生,提高含糖量。

(4)提倡培养独立树冠,及时剪除交叉枝、直立枝和下垂枝,并保证树与树之间的合理间距,以保证每棵树都可以得到充足的光照,让果实能着色均匀,从而提高果实的品质。

(5)防治病虫,提高果面光洁度。注意防虫防病,冬季可用 0.8～1.0 波美度的石硫合剂或松碱合剂清园,并根据实际果树生长状况喷施其他低毒农药,以同时防治不同的果树害虫病。

(6)分期采收,达到完熟。要杜绝早采,等到果实品质最佳再进行分批采摘,确保每个果实都是最佳品质。

 温州蜜柑设施栽培技术有哪些? 设施类型有哪些?

温州蜜柑设施栽培技术主要分为温室促成栽培技术和设施延后栽培技术。

设施包括避雨棚、树冠覆膜、保温大棚、地膜覆盖等简易设施和玻璃温室、薄膜连栋温室、薄膜大棚等高级设施。简易设施栽培主要起到调控水分、保温、防冻等

作用,以提高柑橘品质、产量及进行完熟采收;高级设施栽培可以通过加温、降温、控水、控肥等措施调节柑橘生长环境,提早或推迟成熟期、提高柑橘品质、减轻柑橘大小年现象,并且可以调控柑橘成熟期,错开柑橘集中上市时间,从而使柑橘销售价格提高,销售压力减小,经济效益增加明显。

 160 **影响温州蜜柑的设施环境因子有哪些? 如何调节?**

光、温、水、气、肥(土壤)是温室栽培的主要环境因子,环境因子适宜与否,直接影响作物的生长发育。

(1)光照调控。①低温弱光季节,要积极采取增光措施。应用透光率高、防尘性能好、抗老化、无滴棚膜;定期清扫和擦棚膜,保持棚膜的干洁,增加透光;后墙张挂反光幕、安装钠灯或卤化金属灯或荧光灯或白炽灯等进行人工补光。②光照过强,温度过高,要采取遮光措施。可覆盖各种遮阴物,如遮阳网、草帘等。夏季也可在棚膜上泼洒或涂抹稀泥浆。

(2)温度调控。①保温调控措施。注意棚膜的清洁,增加透光率;严密封闭,减少孔隙散热损失;提高不透明覆盖物(棉被和草苫)的保温质量。低温季节,要在棚温提高到作物适宜温度的上限再放风,外界温度较高时,揭开覆盖物后可先通风排湿再关闭提温到作物适宜温度上限后再放风。②降温措施。最简单的途径是通风,根据棚温高低,调节放风口大小。在温度过高,依靠自然通风不能满足作物生育的要求时,可用不透明覆盖物或遮阳网进行遮光降温,一般遮光20%~30%时,能使室内温度下降2~4℃。也可用井水小水浇灌地表,通过地表水分蒸发吸收空气热量进行降温。

(3)水分调控。注意浇灌方式,采取膜下软管微喷灌或滴灌方式,有条件最好应用渗灌,切忌大水漫灌。一般上午6—9时浇水,浇水后必须密闭棚室增温后逐渐放风排湿,以减少夜间结露。不能在连阴天前浇水。通风排湿,在保证作物对温度要求的前提下,及时进行通风,可有效降湿。外界温度相对较高时,可在清晨短时间通风排湿。外界温度较低时,中午温度高时通风排湿。全膜覆盖,可减少由地表蒸发所导致的空气相对湿度升高。

(4)气体调控。温室环境封闭,空气流动性差,极易造成二氧化碳缺乏和有害气体积累。生产中要注意提高二氧化碳浓度和预防有害气体危害。①提高二氧化碳浓度措施。通过增施有机肥,应用秸秆生物反应堆,提高二氧化碳浓度;可燃烧沼气、天然气或液化石油气,接入燃烧装置,在温室内点燃后产生二氧化碳。②预防有害气体。合理施肥,要施用完全腐熟的有机肥;不施用挥发性强的化学肥料(如碳酸氢铵、氨水),追肥要做到"少量多餐",要穴施、深施或完全水溶后随水冲施;根据天气情况,及时通风换气,排除有害气体;选择优质塑料薄膜覆盖温室。

(5)土壤调控。土壤是作物赖以生存的基础,作物生长发育所需要的养分和水分,都需要从土壤中获得,所以温室内的土壤营养状况直接关系作物的产量和品质,是十分重要的环境条件。科学施肥是解决土壤盐渍化等问题的有效措施之一。①增施有机肥。②选用尿素、硝酸铵、磷铵、高效复合肥和颗粒状肥料,避免施用含硫、含氯的肥料。③基肥为主,追肥为辅,基肥和追肥相结合。④适当补充微量元素。对于土壤盐渍化严重的设施,应当安排适当时间进行休耕,以改善土壤的理化性质。

 适合设施栽培的品种有哪些?

适合促成设施栽培的特早熟温州蜜柑品种有大分 4 号、日南 1 号、大浦、宫本、桥本等。适合延后栽培温州蜜柑品种有龟井、国庆 1 号、兴津等。

 温州蜜柑果园如何预防花期、幼果期高温热害?

一是加强橘园管理,提高树体抗逆能力。二是喷施爱多收、植物龙等植物生长调节剂。在花期和幼果期喷施 2 ~ 3 次爱多收 6 000 倍液,或植物龙 1 克兑水 15 千克树冠喷雾,能起到较好的保果效果。也可以结合病虫防治进行多次叶面喷肥。对树势较弱的多花树在花谢 3 / 4 时喷施 1 次 50 毫克/千克的赤霉素保果剂。三是高温时节注意橘园树冠早晚喷水。四是用禾秆、渣草、菜籽梗、谷壳进行橘园覆盖,保湿降温。五是疏梢、控梢保果。对幼年结果树要疏去 20% ~ 40% 的新发春梢,并从 5 月下旬至 7 月上中旬控制夏梢的生长。六是注意防治以红蜘蛛、疮痂病为重点的病虫危害。

163 **温州蜜柑果园如何减轻夏季高温日灼?**

(1)科学灌溉。高温季节适当灌水润土,可以抗旱降温,改善橘园小气候,但忌猛灌、串灌,以防冲刷园土,宜细流入园慢渗入土。喷水降温,当气温上升到 33℃ 以上时,可在早上对树体连续喷水 3 ~ 4 次,可降温增湿防日灼。有条件的可结合喷洒抑蒸剂,喷后可在枝叶表面形成一层高分子膜,从而有效地减弱叶片蒸腾作用。每千克抑蒸剂兑水 100 ~ 150 千克,搅匀后均匀喷布树冠。

(2)树盘覆盖,保湿降温。夏季在树盘的周围,沿树冠垂直向下的根系密集处,铺 10 ~ 13 厘米厚的鲜草或秸秆等覆盖物,以利保湿降温。

(3)石灰水喷果。在日灼病发生严重的地方可用 1% ~ 2% 的石灰水喷洒向阳的外围果实和叶面,犹如蒙上一层白膜,能反射强光,降低叶温,保护果实和叶片。

(4)高接换种后的橘园树干涂白。以生石灰 10 份、食盐 1 份、水 40 份的配方防日灼病的效果较好。用软质刷刷到主干上,以涂上不往下流、不黏结成团、能薄薄粘上一层为度。

（5）果面贴白纸。对树冠顶部和西南面外围的果实，在果实阳面上贴一张与果实大小相近的小白纸，能有效地防止果实表面的灼伤。

（6）清沟排渍，诱根深扎。遇上多雨时段，应及时开沟排水，改善土壤通气状况，诱根深扎，增强吸水能力，可减轻日灼病的发生。

 164 温州蜜柑果实浮皮与哪些因素有关？

柑橘果实在成熟后期发生包裹果肉的囊瓣膜（囊衣）与果皮分离后浮起，果皮与囊瓣膜之间产生空隙的现象，称为浮皮，通常叫发泡，是一种生理障碍。浮皮的发生与品种品系、树势、结果量、施肥时间和施肥量、园地排水和通风状况、收获期的时间等因素有关。温州蜜柑属易浮皮的品种，一般中、晚熟温州蜜柑比早熟温州蜜柑容易发生浮皮，果实越大，浮皮越严重。施氮素过多，壮果促梢肥施肥时间过迟、果实成熟期果园湿度过大、果实成熟期温度偏高、采收过迟等原因均可引起果实浮皮。生产中应注意适时适量施肥，不可偏施氮肥。适量挂果、适时采收。加强管理，果实进入着色期后应尽量保持园内排水和通风状况良好。视情况应用浮皮减轻剂减轻果实浮皮，如碳酸钙可湿性粉剂（含碳酸钙95%）100倍液，在收获前30天、前10天喷1～2次。

 165 温州蜜柑果园如何预防冬季低温冻害？

柑橘防冻须在选择好园地和品种、营造好防护林、加强肥水管理的基础上，抓好如下技术措施的落实：

（1）用塘泥、山泥等培土20～30厘米，可增厚土层，增加土壤有机质，保护根系和根颈部位，减少土壤水分蒸发等。开春气温回升后要扒开主干周围所培土。

（2）苗床、幼年树用搭栅覆盖。寒流来临前，在苗床或幼年树上面，用木棍或竹竿搭好栅架，再在栅架上覆盖稻草、秸秆等，避免风霜直接袭击，防止夜间地面辐射。另外可以用秸秆、绿肥等进行树盘覆盖，厚度以15～20厘米为宜，可增温保湿，抑制杂草生长；也可在树干1米以内土壤用地膜进行覆盖，保持土壤温度，减轻冻害。

（3）冻害来临前5～7天灌透水，保持土温稳定，减轻冻害，但冻害到来时不要灌水，防止加重冻害。有条件的果园，可在寒流侵袭时进行树冠喷水，提高果园空气相对湿度，减少地面热辐射。

（4）低温来临前夕用秸秆、杂草、谷壳、锯末等在果园内熏烟，每667平方米5～6堆，均匀分布果园各区域，减少辐射散热，提高果园温度，减轻冻害程度。熏烟宜选在晴朗无风的夜晚为好。

（5）寒流来临前喷1%～2%聚乙烯醇水溶液，减少叶片细胞失水，减少树体热量散失,增强树林抗冻能力,减轻冻害。

(6)按生石灰：硫黄粉：食盐：水 = 5：0.5：0.1：20 的比例配制石硫合剂,用刷均匀地涂于主干及主枝上,可防止裂皮,减轻冻害,预防一些病虫害。

(7)采用稻草等包扎树干,可减轻冻害。

 温州蜜柑冻后如何恢复生产?

(1)及时清园。及时清除枯枝、落叶、落果、烂果,既可减少一些病虫源,又可减少养分的消耗。

(2)加强土壤管理。一是及时开沟排水,降低地下水位,改善土壤透气状况。二是解冻后及时对树盘进行浅中耕(深度 10 厘米左右),促进根系生长。

(3)合理修剪。根据冻害程度采取相应的修剪技术,挂果树在气温回暖后采取"小伤摘叶、中伤剪枝、大伤锯干"的办法。剪口大的用杀菌剂处理及薄膜包扎,防止感染;幼年树在回暖后剪去枯枝。

(4)施肥。第 1 次施肥在 2 月上旬,株施腐熟人粪尿水 30 ～ 60 千克,利于恢复树势。第 2 次施肥在 3 月中下旬,株施尿素、硫酸钾各 100 ～ 200 克。施肥位置在树冠滴水线外围打穴或开浅沟进行,施后覆土。此外,可结合病虫害防治,用 0.2%～ 0.4%磷酸二氢钾＋ 0.3%尿素水溶液进行根外追肥。

(5)合理疏花、疏果。成年树应根据冻害程度,确定留花量。冻害轻的树疏去畸形花和过多的花,稳果后进行疏果;中度冻害的树少留花;冻害重的树尽量不留花,以利恢复树势。

(6)抓好病虫害防治。主要抓好炭疽病、疮痂病、树脂病、蚜虫、螨类、介壳虫类、潜叶蛾等病虫害的防治。

 温州蜜柑果园遭遇冰雹后如何恢复生产?

(1)喷药保护伤口,防止病菌感染。对受灾园不论受灾轻重立即喷一次杀菌剂,以防止伤口遭受病菌感染,药剂可选用托布津 600 倍稀释液等进行防治;同时,由于再萌发抽生的新梢不整齐,因此,还要特别注意做好疮痂病和溃疡病的防治工作。

(2)叶面喷肥,提高树体营养水平。柑橘受灾后,部分叶片被打落,贮藏在叶片中的营养物质也随之丢失,为提高尚存叶片的营养水平并使未被打落刚抽生展叶的叶片及以后萌发抽生的新叶能及时转绿,每隔 7 天用 0.2%磷酸二氢钾＋ 0.3%尿素或柑橘专用叶面肥 900 倍稀释液连喷 3 ～ 4 次,以恢复和增进叶片营养功能。

(3)及时修剪,促发强壮新梢。柑橘受灾后,特别是受灾重的树,由于枝条上的伤口多,落叶也多,如不及时剪去受伤严重的枝条,其再萌发新芽的速度慢,成枝力也弱,难以培养好健壮的树冠。因此,灾后要及时剪去树皮被冰雹严重打破的枝条,

让其重新萌发强壮的新枝。

（4）及时摘心和抹除位置不当的芽。受灾重的枝条经重修剪后，其萌发的隐芽往往长势较强，因此，当新梢长至6～8张叶片时要及时摘心，以使叶片提早转绿，同时对位置不当和密生的芽也要及时抹去。

（5）喷施植物激素保果。由于叶片被冰雹打落，贮藏在叶片中的养分损失，以及芽的再萌发需要再消耗养分，从而加剧了新梢和花的养分竞争，极易造成严重的落花落果。因此，在谢花2/3时喷合适的植物激素，以提高坐果率与产量。

 如何防止温州蜜柑大量裂果？

（1）及时做好橘园的抗旱保湿，是减少柑橘裂果发生的一项重要措施。夏秋两季要加强橘园的肥水管理，发现干旱苗头，要及时组织抗旱，一般橘园都采用沟灌。对有条件的地方，可使用喷滴灌供水，增加空气相对湿度，每日喷3～5次，或进行浇灌，补充土壤水分，使土壤保持湿润疏松状态，尽量不用漫灌，旱季来临前要做好中耕松土，并用稻草、杂草等物覆盖树盘，减少土壤水分蒸发，提高土壤抗旱能力。

（2）增施有机肥料和提高用钾水平。橘园深翻压绿、增施腐熟猪牛栏肥等有机肥料，改善土壤结构，提高土壤的保肥保水性能，促进树体的健壮生长，增强抗逆性。同时在施肥种类上，提高钾的施肥水平，尤其7月上旬施小暑肥时，适当增加钾肥的用量，提高树体的钾素水平，对促果实膨大和果皮组织发达，对减轻裂果发生有重要作用。但必须注意的是，在灾害性天气发生期间，为及时补充树体营养，减轻对树体的刺激和提高肥效，宜选择根外追肥，地面追肥一定要慎重，以防加剧对树体的损害。

（3）根外追肥结合喷用植物生长调节剂。在久旱不雨或久旱遇雨后，及时喷30～40毫克/千克赤霉素，0.3%尿素＋0.2%磷酸二氢钾有效降低裂果发生率。

（4）环割。久旱遇雨后，及时对枝干进行伤皮不伤骨的环割，即在枝上环割1/2圈，调节树体内水分和养分的输送，也可使裂果显著减少。

 如何防止温州蜜柑异常落果？

一是加强栽培管理，二是做好清园消毒，三是化学防治。在春夏秋嫩梢期、谢花后及落花后一个半月内进行喷药，每隔10天左右喷1次，连续喷2～3次，大年树、历年发病严重的田块和遇特殊天气时，建议在8月下旬或9月上旬再喷1次，以防炭疽病落果。针对炭疽病，可选择咪鲜胺、腈菌唑、嘧菌酯和甲基硫菌灵等杀菌剂。而针对褐腐病，则可在发病初期选择甲霜灵锰锌、嘧菌酯、安克或安克锰锌和普力克等药剂进行防治。喷药时，除喷布树冠外，还需要喷布地面，因褐腐病的初侵染源来自土壤。此外，及时清除地面烂果，集中深埋，避免再次刮风下雨时烂果上的孢子囊随风雨扩散,而造成更大的危害。

 温州蜜柑混杂园如何改造?

混杂园指同一橘园内栽植不同品种、不同熟期、不同种类的柑橘树。多数为早熟品种、中熟品种或晚熟混栽,也有少数橘园宽皮柑橘、橙类、柚类等不同品种与种类混栽。

主要特点:柑橘树树形各异、果实成熟采摘上市时间不同、橘园品相杂乱。

主要改造技术与方法:一是改换良种。根据果园实际和市场需求,对 15 年生以下的混杂树进行高位嫁接,改换良种。选择在春季 2 月中下旬至 3 月上中旬,秋季 8 月下旬至 9 月上中旬,采用高位切接(春接)或腹接(秋接)的方法,单株树嫁接 20 ～ 30 个接芽一次性改接到位,并加强接后管理,确保改换一次成园。二是良种换栽。清除混杂植株,深耕定植穴,施入肥料改土,待土壤充分熟化后培成定植堆(高于地平面 30 ～ 40 厘米)进行定植,选择果园相同品种的优质大苗(或幼年小树)栽植于定植堆中央,并加强管理,使其尽早成园。

 温州蜜柑低产园如何改造?

(1)树冠更新。掌握原则是去老换新、去弱留强、分步更新,恢复产量。一般在早春萌芽或夏季 5—6 月间修剪,主要针对树体有衰弱趋势,对树冠内一部分 2 ～ 3 年生的衰退枝进行短截,促使剪口附近重新抽发强梢。修剪枝条量占全树的 1/3 左右。修剪后,当年在剪口附近萌发粗壮的春梢或夏梢、秋梢,第二年可结一定数量的果实。第二年采果后,对其余尚有结果能力的 2 ～ 3 年生大枝再进行短截或疏删,或留一部分到第三年再行更新。针对骨干枝仍然完好、树龄不太大、树势已经呈现衰退的柑橘树,在抽发夏梢前(4—5 月)对长势弱、缺乏结果能力的 5 ～ 7 级以上的各级分枝,连同交叉枝、重叠的大枝回缩修剪或锯除。通过修剪,促进骨干枝上不定芽萌发,抽发健壮的夏梢(夏季雨水多、温度高,要防旺长)、秋梢。再通过抹芽控梢,争取 2 ～ 3 年内重新形成树冠,恢复产量。

(2)根系更新。根系更新主要通过深翻改土来实现。为避免一次断根过多,影响树势,可分两年隔行开沟深翻。在树冠更新后的头年,严冬过后到春季萌芽前,在行间相对两方,在距主干到树冠滴水线的 2/3 ～ 3/4 处开深 40 厘米、宽 40 厘米以上的条沟,将露出的根剪平,挖出的土分层与腐熟有机肥 50 千克、适量钙镁磷肥和少量石灰回填沟中,盖土压实,干旱时要灌水;第二年再按此做法,在另外相对两方开沟改土。在冬季进行全面翻耕的基础上,将树冠下的表土扒开(能看到幼根即可),每株均匀撒施腐熟土杂肥 50 千克,盖好土。20 ～ 30 天后,新培的土壤中就会长出许多新根,弱树明显复壮,叶色转绿。

温州蜜柑密植园如何改造?

(1)疏株。按照永久定植株行距要求进行间移或间伐。树龄在15年以内的密植园可采取间移,合理利用间移植株。

(2)改冠。按照自然开心形、早熟温州蜜柑树高2.5～3.0米、主干高度40厘米、主枝3～4个、每个主枝上着生2～3个副主枝、分布均匀、透光好的目标对树冠进行改造。

 温州蜜柑老果园如何更新复壮?

(1)园地改造。

坡地果园:按等高线整梯地,梯面外侧高于内侧20厘米,形成外高内低的倾斜面,利于果园保水。

平地果园:按树行线以南北向为主整理地面。树行线内地面起垄,整理成"龟背"形树行,沟宽50厘米、深40厘米,园间再开若干条纵沟和横沟,保证沟沟相通,便于排水。

(2)树体改造。树体改造原则是"开天窗,打侧洞,剪上不剪下,剪强不剪弱,剪外不剪内"。要求控制树高不超过2.5米,冠幅不超过3.5米,树体生长健壮,树冠层次分明、表面凹凸呈波浪形,树冠内部光照良好,有效叶面积增大。

树冠改造分两步实施。头年3月初至4月初进行粗放修剪:实施"开天窗,打侧洞"大枝修剪,同时剪除较粗的交叉枝和下垂枝,使树冠内膛通风透光。翌年同期进行精细修剪:回缩清理下垂枝,剪除上年没有修剪到位的上部和中部密生枝以及新抽生的"骑马枝";将长10厘米以上的上年春梢和长15厘米以上的上年秋梢全剪除。

(3)田间管理。

越冬保叶:在采果后,尤其是实行一次性采果下树的果园,遇上久晴无雨的干旱天气,一定要多次喷水保叶。这是越冬保叶的重点。

培土护根:入冬前将裸露在外的树根用草皮泥进行培土覆盖,保护根群不受伤害,增加养分,防寒保温,促进根系发达,减少冬季落叶。

 影响蜜柑果实着色的因素有哪些?

影响蜜柑果实着色的因素有很多,除结果过多导致树冠内膛通风透光不良、果实着色期连绵阴雨等原因外,在实际生产中,因管理不到位导致着色达不到该品种固有色泽的主要原因有壮果促梢肥施肥时间过迟、氮素施用过多等。

因此生产中应注意壮果促梢肥施肥时间不宜过迟,氮素施用不宜过多。合理栽果,对于结果量大的丰产园、丰产树,可采取立柱拉枝的技术,及时进行支架托果、撑吊果枝。平地橘园生长期应注意清沟排渍,改善橘园生态环境;对于平地橘园,郁闭橘园,在果实着色初期(一般9月上中旬)采取橘园覆膜控水增糖措施,可促进树冠中下部果实着色。

 温州蜜柑成熟的特征有哪些?

果汁增加,果汁中的糖含量增加,酸含量下降,可溶性固形物增加,果皮及果肉的色泽表现出品种的固有特性,果肉组织软化,产生芳香物质。

 影响果实成熟的因素有哪些?

(1)气温。气温是影响果实成熟最主要的因素。热量条件好的地区成熟早,反之则晚。

(2)光照。光照充足能促进果实成熟,相反,光照不足可延缓果实成熟。山地种植的温州蜜柑,向阳坡果实较阴坡着色快,成熟早。

(3)土壤。沙质壤土上栽培的温州蜜柑,由于土温上升较快,吸收和保持土壤养分、水分的能力较弱,果实成熟有较快的趋势,而黏重、深厚、肥沃土壤,因保肥保水能力较强,果实成熟延迟。此外,土壤浅薄、缺乏水分、夏秋干旱等可促进着色,秋季多雨着色延迟。

(4)施肥。果实发育后期,多施氮肥会使果实着色和成熟延迟;多施磷肥有使果实酸含量减少、成熟提早的作用。

(5)植物激素。幼果期和成熟前喷布赤霉素,可加速细胞分裂,延缓果皮衰老,推迟果实着色。

 温州蜜柑贮藏前的准备工作有哪些?

(1)把好橘果采摘关。在晴天时采摘橘果,采摘橘果时橘梗剪平,轻采轻放。避免橘果采摘时造成的机械损伤。

(2)库房消毒。通风库或普通住房都可贮藏柑橘。贮藏前先将库房打扫干净,堵塞鼠洞,并在柑橘入库前一周用多菌灵或甲基托布津500倍液喷洒消毒。在柑橘入库前2天应敞开门窗通风,防止因病菌伤害而影响柑橘贮藏效果。

(3)防腐处理。需贮藏的柑橘要在采收当天进行防腐处理,最长不得超过2天。防腐保鲜药剂可选用25%施保克10毫升+2,4-D钠盐2~3克+清水10.0~12.5千克,处理柑橘750~1000千克。方法是将采下的柑橘浸入配制的药液中,浸0.5~1.0分钟,然后取出晾干。

(4)通风预贮。经防腐处理的柑橘放在通风的库房,打开门窗,利用空气对流,使果皮水分散失晾干,可有效减少变味果和腐烂果。预贮时间一般 5～7 天,如预贮时遇到雨天,可以延长到 10～12 天。通常以果皮晾干、果实失重 3%～5% 为宜。预贮后的柑橘可以用聚乙烯薄膜袋单果包装贮藏,也可裸果贮藏,贮果用具可用木条箱、竹筐或藤篓等。

 温州蜜柑贮藏前为什么要进行预贮?

预贮具有使果实预冷、愈伤、催汗(蒸发果表部分水分,使果实软化)的作用,并能降低果实贮藏过程中的枯水、粒化程度。刚从果园采下的果实,因田间热,果实温度较高,呼吸作用和水分蒸发都强,如不及时散去热量,果实呼吸作用旺盛,会使营养物质大量消耗,且还会因果实"发烧"而在果面结出水珠,使果实出现腐烂。预贮使果实降温,有利于贮藏、运输。经预贮的果实,后期枯水率大大下降,所以,对贮藏期间易发生枯水的宽皮柑橘,预贮特别重要。

 什么是温州蜜柑田间简易贮藏法?

(1)搭建简易贮藏库。应选择在地势平坦,排水良好的地方搭建,贮藏库的样式和一般建筑工棚相似,长度一般在 10～20 米,跨度一般在 5～8 米,高度在 2.0～2.5 米。跨度大于 5 米时,一般应搭建"人"字形棚,"人"字形棚的房顶用石棉瓦或者油布覆盖,四周可以临时用油布封闭,每隔 5 米左右留一通风口(活口),以方便进出和通风换气,库房四周开好排水沟。

(2)库房消毒。库房建成后,地面铺上 10 厘米厚的稻草,用硫黄 2.5 千克加木屑混合点燃,密封 3～4 天,或用 50% 福尔马林喷洒,密封 7 天灭菌。之后,将果实移入室内贮藏。贮藏库的大小可以根据果实产量来决定,一般每平方米库房可以贮藏果实 150～250 千克。

 温州蜜柑的采后处理技术包括哪些?

商品化处理技术环节:采收—分级—包装—预冷—清洗—干燥—打蜡—化学药物处理—愈伤—冷链运输。

181 温州蜜柑深加工的发展方向及前景?

在我国,温州蜜柑以鲜食为主,少量用于加工,温州蜜柑的加工方向:果肉主要加工成橘瓣罐头和橘汁,果皮可以加工成果脯,还可提取香精。

三、椪柑种植实用技术

182 华柑 2 号品质及表现如何?

华柑 2 号又名清江椪柑,是从长阳实生椪柑苗木中选育的一个优良单株。该品种早果性好,大苗定植 3 年结果,5 年后进入盛果期,每 667 平方米产量 3 000 千克左右。树势中庸,叶片长椭圆形,叶缘有锯齿,叶钝尖。萌芽率中等,枝梢顶芽易抽生丛状结果枝,以中长枝为主要结果母枝,花芽分化能力强。一般为单花、顶花、有叶花坐果。果实扁圆形或扁圆形略带短颈,有种子 7 ~ 10 粒,单果重 160 克左右;果皮颜色介于橘黄与橘红色之间,果面稍粗糙,油胞稍凹陷;皮薄,风味浓郁,爽口化渣,品质优。3 月中旬萌芽,4 月下旬开花,果实 10 月下旬开始着色,11 月下旬至 12 月上旬成熟。其抗寒性与普通椪柑相当。适于湖北省清江流域海拔 550 米以下的地区种植。

183 岩溪晚芦品质及表现如何?

晚熟、高糖是岩溪晚芦的主要特点。在湖北清江流域,岩溪晚芦 12 月初着色,2 月下旬成熟,销售期可延长至 4 月。长阳大河坡椪柑专业合作社在岩松坪晚熟柑橘基地生产的岩溪晚芦曾检测出高达 18% 的可溶性固形物含量。岩溪晚芦树势强健,分枝角较小,枝条较密,树冠近圆筒形。果实扁圆,单果重 150 ~ 170 克,果面粗糙,果色橙黄,果皮厚 0.26 ~ 0.31 厘米。可食率 75% ~ 78.6%,可溶性固形物 15% 以上,糖含量 10.4 ~ 12.0 克每 100 毫升,酸含量 0.93 ~ 1.07 克每 100 毫升,维生素 C 含量 33.7 ~ 37.6 毫克每 100 毫升,肉质脆嫩化渣,具香气,品质佳。岩溪晚芦早果性较差,但进入结果期后稳定高产。岩溪芦柑具有高产、稳产、优质和抗逆性强的特点,表现抗寒,裂果少。

184 鄂柑 1 号品质及表现如何?

鄂柑 1 号(金水柑)是湖北省农科院果树茶叶研究所对普通椪柑经化学诱变和变温处理培育出的椪柑品种,1993 年通过湖北省农作物品种审定委员会审定。该品种植株生长势强健,树姿较直立。果实高腰扁圆形,果顶平或微凹,果基微凹,四

周广平，果皮与囊瓣紧贴，油胞小而密生，果皮较薄，中心柱较小；果大或中大，果形端正，高腰，平均单果重 143 克，橙红色，有光泽；果肉橙色，肉质脆嫩；囊瓣 8 ～ 10 瓣。可溶性固形物 12%～ 14%，酸 0.74%～ 12.00%，维生素 C 28.35 毫克每 100 克，采收时固酸比 15：1，平均种子数 10 ～ 12 粒，可食率 63.5%，果汁率 52.35%。果实于 11 月下旬至 12 月上旬成熟。该品种早果丰产稳产，花期耐高温能力强，抗寒性强，抗病、抗虫性强，果实贮藏性极强，常温下可贮放 3 ～ 4 个月。适应范围广，适宜柑橘产区种植。果实色艳美观，商品性强。该品种须在霜冻前采摘，但采后酸含量偏高且代谢缓慢，需要长时间贮藏。

185 黔阳无核品质及表现如何？

黔阳无核椪柑为国内首例雄性和子囊双不育无核椪柑，开花期比一般椪柑早 6 ～ 10 天，表现为全无核，无核率 99.99%～ 100%，无核性状稳定。单果重 112 ～ 258 克，11 月中下旬至 12 月上旬成熟，果形为同株兼有高桩、扁圆两种，果皮橙红，油胞均匀细密，果肉香、脆、甜，果汁含可溶性固形物 13.5%～ 16.8%，总糖 12.42%，含酸量 1.49%，常规保管可贮藏到翌年 5 月。该品种抗寒力强，适应性广，抗溃疡病。黔阳无核椪柑叶片形态与普通椪柑难以区别，但花器特别，其柱头大且显露于花朵之外。成年果树在树冠上、下、内、外均可结果，特别是内膛结果率强，以早秋梢及春梢结果母枝为主。大小年结果现象不显著。该品种栽培上出现的主要问题一是单果重偏小，与市场要求有差距，二是保花保果难度大，管理不当，产量就很难得到保证。

186 新生系 3 号品质及表现如何？

新生系 3 号树势健壮，生长旺，幼树直立性强。果实扁圆形或高扁圆形，平均单果重 114 克左右，果色橙黄，果皮厚约 0.28 厘米，种子 6 ～ 9 粒。果实可食率 70.7%，果汁率 42.8%，可溶性固形物 10.8%～ 12.5%，糖含量 8.0 ～ 9.5 克每 100 毫升，酸含量 0.6 克每 100 毫升，维生素 C 含量 24.9 毫克每 100 毫升。果实 12 月上、中旬成熟，耐贮藏。果形美观，但风味偏淡。

187 长泰芦柑品质及表现如何？

长泰芦柑果形硕大、色泽橙黄、肉质晶莹、果汁丰富、香味浓郁、酸甜适度。单果直径 7 ～ 12 厘米，一般果重 125 ～ 200 克，大的可达 650 克。可溶性固形物占 14.3%，含糖量 12.5%，含酸量 0.58%，维生素 C 含量 38.5 毫克每 100 克。与清江椪柑（华柑 2 号）相比，长泰芦柑种子数量少是最大优势。

太田椪柑品质及表现如何？

太田椪柑果实扁圆形至球形，单果重154克，种子0.5粒。可溶性固形物10%，固酸比25：1。果实早熟，10月下旬有85%以上果实能完全着色，而普通椪柑于11月下旬至12月上旬才能达到以上着色标准。耐低温能力强，在年均温16℃左右的地区果实也能正常发育，是目前适应性最强的椪柑。早熟是太田椪柑的最大优势，风味淡、果形高桩是该品种的弱点。

 适合椪柑的砧木有哪几种？各有什么特点？

(1)枳。茎皮厚，易嫁接，成活率高。抗寒、抗旱、抗瘠，可提早结果，用作砧木树体多矮化。抗脚腐病、流胶病、线虫病，但不抗裂皮病、碎叶病，不耐盐碱。枳是目前我国柑橘上最常见的砧木。

(2)枳橙。根系发达，半矮化，生长旺、幼苗生长快速，耐寒耐贫瘠，抗病力强，有的品系抗衰退病。代表品种卡里佐。

(3)红橘。根系发达，细根多，嫁接后树冠直立性较强，各地均用作橘类的砧木。但较枳砧柑橘结果晚2～3年，但后期丰产，抗裂皮病，抗脚腐病，耐涝、耐瘠薄、耐盐碱。接椪柑，长势强品质好，前期产量偏低，品质稍差。

(4)香橙。资阳软枝香橙一般树势较强，根系深，寿命长，抗寒、抗旱，较抗脚腐病，较耐碱。是偏碱土壤种植柑橘的最佳砧木。长阳沙湾农场使用资阳软枝香橙作为砧木，在椪柑、脐橙上的表现均优于枳砧。其中前十年产量资阳软枝香橙砧是枳砧的一倍以上。使用资阳软枝香橙作砧木，果实品质、风味较枳砧略差。

 椪柑种植对土壤条件有什么要求？

(1)土壤pH值。柑橘在pH值4～8的土壤上都能生长，但适宜的土壤pH值为5.5～7.0，最适宜为6.0～6.5。土壤偏碱种植椪柑树势偏弱，极易感染炭疽病诱发大量成熟期落果。

(2)土壤质地。柑橘对土壤的适应性较强，各种类型的土壤上都能生长，但最适宜柑橘生长的土壤是壤土和沙壤土。强黏性土壤和多沙土壤需要改造。

(3)土层深度。柑橘园要求土层深厚、土壤肥沃、质地疏松、有机质含量高、保肥保水性能好。土层太浅影响柑橘根系生长，树冠小，抗逆性差，容易干旱。因此，要求土层深度80厘米以上，活土层60厘米以上。

(4)有机质。土壤有机质含量越高，越适宜种植柑橘。有机质含量低于2%的土壤种植柑橘需要在建园时加入大量渣草等有机物质。

(5)地下水位。地下水位的高低影响柑橘根系生长，通常要求柑橘园地下水位

在1米以下。平地或水田建园时,要挖排水沟,降低地下水位,或抬高栽植。

 191 椪柑种植对水分条件有什么要求?

通常椪柑果树的正常生长以年降水量1 000～1 500毫米、空气相对湿度75%～80%、土壤相对含水量60%～80%为宜。

雨水过多,土壤排水不良而积水,导致烂根,引起叶片和花果脱落,甚至死树。椪柑花期至第二次生理落果结束前,如遇阴雨连绵,会影响授粉,降低坐果率。1996年柑橘花期宜昌连续降雨23天,导致椪柑大量落花而减产。部分农民采用雨中摇树的方法,减轻了落果的发生。

椪柑水分不足,花期和幼果期会加剧落花落果;果实膨大期影响果实膨大;春季干旱使春梢抽生困难、短而细;秋、冬季干旱,虽花芽分化量增加,但无叶花比例增加,坐果率下降。与水分紧密相关的空气相对湿度也对椪柑产生影响:花期和幼果期湿度过大(85%以上)或过小(60%以下)会影响坐果率。果实膨大期相对湿度过小,会使果实膨大受阻而减产,且品质变劣、果汁少、果皮粗糙;相对湿度过大,会增加病虫害的发生,影响产量和果实品质。2016年宜昌发生果实膨大期干旱,连续100天无有效降水,导致椪柑果实普遍偏小,长阳清江椪柑优质果率下降25%,且花芽分化受到严重影响,无抗旱条件的果园,2017年基本无有效花。

 192 椪柑种植对气象条件有什么要求?

柑橘的生长和结果需要适宜的光、热、水、气等气象条件。

光照提供柑橘光合作用所需的能量,在年光照1 500小时以上的地区,柑橘比较容易获得丰产。在山区,向阳面才能种植柑橘,背阴面种植的柑橘风味差,果实小,商品性差。

热量直接影响柑橘的光合作用、呼吸等生理代谢过程,影响水分和养分的吸收,同时对果实品质有重要影响。柑橘生长的温度范围为13～37℃,超出这个温度范围即停止生长,甚至死亡。≥10℃有效积温是考察一个地区是否适合种植柑橘的一个重要指标。在6 500℃以内,积温越高,品质越好。

柑橘不耐寒,极端最低温度是影响柑橘种植的主要因素,椪柑种植不能低于−7℃。

 193 如何确定椪柑种植密度?

椪柑园密度的安排根据地势而定。山地果园密度略高于平地果园,山地果园的行距根据可开垦的梯面宽度确定,小于5米的梯田,每梯种植一行,株距3米。大于5米的梯田,按不小于4米的距离安排行距。平地建园严格要求宽行窄株,行距不能小于 5 米,株距为 3 米。行间要求可以通行农用运输机械。

 如何培养椪柑容器大苗和壮苗?

(1)材料准备。①苗木。假植苗使用一年生嫁接苗,要求苗高 35～45 厘米,茎粗 0.8～1.0 厘米。苗相好,叶色健康,不带病虫。②营养袋。营养袋材料为黑色耐氧化聚乙烯膜,厚度为 0.03 毫米。规格为高 45 厘米,口径 18 厘米。袋底和侧面设 8～10 个口径为 0.5 厘米的滤水孔。③营养土。营养土基质为富含有机质的肥沃园田土和塘泥,每立方米基质掺入细河沙 0.1 立方米、经过充分腐熟的饼肥 30 千克、柑橘专用肥 4 千克、硫酸亚铁 150 克和硫酸锌 150 克。以上材料混合均匀后,再用粉碎机粉碎细化,最后用多菌灵 500 倍液消毒,堆沤 15 天后即可使用。④假植圃。假植圃一般设在基地的中心区域。假植圃对土壤的要求不高,只要是平地,排灌条件良好即可。假植圃内设若干小区,小区之间用道路和排灌渠道隔开,小区一般为长方形,长度以 40 米为宜,宽度一般不超过 20 米。

(2)假植。①假植的时间。假植一般以 11 月和 2 月为宜。②起苗及运输。起苗一般在阴天进行,起苗前苗圃灌足水,起苗时尽量多保留须根。苗圃与假植圃邻近,一般在起苗的同时进行假植,不让苗木离土过夜。长距离运输的苗木,起苗的同时用浓泥浆浆根,并用农膜包根,存放在阴凉处。每次起运的苗木在运输过程中一定要做到全封闭,严禁风吹雨淋。③装袋及摆放。苗木进袋时要做到苗正根直、摆放整齐。小苗进袋的技术要求与大田植苗要求相同。假植圃中一般每行摆放 4 袋,行宽 80 厘米,行间距(走道)60 厘米。④定根水。苗袋摆放好后立即浇足浇透定根水,定根水的标准是营养袋底孔出水。苗木进袋后遇高温,应连续浇水 3～4次,防止苗木脱水枯死。定根水也不宜过量,否则会造成营养的流失。有条件的可用一层湿木屑覆盖营养袋表层土,可以起到保水防草的作用。⑤定干。苗木进袋后要进行适当的修剪,一是剪除苗木 40 厘米以上的中心干,促发苗木在假植期间抽发侧枝,增加分枝级数和末级梢量;二是剪除苗木的病虫枝、萎蔫枝叶,提高苗木成活率。

(3)假植圃的管理。①肥料。营养袋假植的苗木,由于营养土养分充足,基本可以满足苗木抽发春梢和夏梢的营养需求,因此在 7 月前一般不用施肥。8 月苗木抽发早秋梢前应补充一次肥料,肥料可施用速效氮肥。早秋梢生长结束后停止施肥。②水分。营养袋假植的苗木对水分的要求比较高,因为营养袋隔断了营养土和土地的联系,遇高温、干旱,营养土更容易枯水。因此要根据天气情况及时补充水分。假植圃也不能出现渍涝,袋内积水容易导致苗木烂根。出现积水要及时排除。③除草。在苗木抽生春梢、夏梢期间,由于营养袋营养充足,大量杂草也会同时发生,及时除草是这一阶段苗木管理的主要工作,否则会影响到苗木的正常生长。营养袋除草要做到除早除小,人工拔除营养袋内失控大株杂草,容易伤及苗木根系,影响苗木生长。假植圃走道杂草可使用除草剂,营养袋除草严禁使用除草剂。 ④病虫防治。进圃假植的苗木要经过严格的检疫,防止携带检疫性病虫。假植圃苗木病虫防治的重点是恶性叶甲、红蜘蛛、黄蜘蛛、黑刺粉虱和潜叶蛾,其中春季的叶甲和秋季的潜叶蛾是重中之重。假植圃施药以无公害农药为主,不能使用高毒高残留农药。

(4)出圃定植。①出圃苗木规格。营养袋假植苗木出现圃规格为苗高 60 厘米以上,茎粗 1.2 厘米以上,有 3 ～ 4 个明显主枝,末级梢不少于 20 条。②定植时间。经过营养袋假植苗木,在营养袋中生长的时间不宜超过 14 个月,否则会造成主根弯曲,影响苗木的继续生长。营养袋假植的苗木出圃定植的时间不受季节、天气的影响,只要苗木达到定植规格,随时可以进园定植,且苗木的成活率、生长势均不会受到任何影响。③运输及定植。苗木运输过程中要尽量保证营养袋完整,根系不受伤害。定植时苗木置入定植穴后,再用小刀划开并取出营养袋,扶正苗木,用土夯实即可。

195 椪柑幼树如何整形修剪?

(1)选留预备枝条。对计划整形的树,在夏梢发生前适当增施尿素,确保夏梢抽生的数量和质量。夏梢萌芽后,在东南西北四个方向各选留一个健壮的枝条,其余夏梢及时抹除。选留的夏梢可以是从主干直接萌生的夏梢,也可以是二级枝上萌生的夏梢。四个选留枝条,从主干上分枝的部位最好错开,避免形成对口枝。最下面一个分枝距地面高度保持在 50 厘米以上。

(2)预备枝管理。一是适时摘心。预备枝生长到 30 厘米时,对其进行摘心,限制其继续向上生长,适当增加枝条粗度。二是加强病虫防治,重点防治潜叶蛾。

(3) 整形。预留枝条摘心 1 周后开始整形。方法是用左手握住夏梢萌生点以上 10 厘米,用右手顺时针扭转枝条,听见枝条内部出现轻微撕裂声音后停止转动。此时扭转点具有良好的可塑性,可以很方便地将枝条的方向和角度调整到预先设定的位置。注意扭转嫩枝时力度不能过大,防止扭断枝条;力度也不能太小,扭转点需要失去弹性才能实现整形的目的。

(4)检查。整形 1 周后对整形树进行检查,发现力度不够,枝条复位的及时重扭。枝条断裂枯死的及时修剪。嫩枝整形允许出现 1 ～ 2 个失败枝条,经过整形每株树至少形成 3 条以上角度开张的主枝。

(5)后续管理。通过嫩枝整形开张角度的枝条,将作为椪柑树的主枝加以培养,形成椪柑树体的基本骨架。有条件可以设立支柱固定经过整形的嫩枝,效果好。因为角度开张,第二年开张枝条上会萌发大量的新梢。其中的春梢和秋梢可以直接作为椪柑早期结果的结果母枝。发生的夏梢则采用先摘心、再抹芽的方法,培养出一批结果枝组。

 椪柑幼树怎样进行肥水管理?

椪柑幼树以枝干、根系的营养生长为主要任务,在营养需求上以氮为主,辅以磷及少量微量元素。定植前的基肥以有机质和磷肥为主;新梢萌芽后开始施肥,发1次梢追1～2次肥,梢前施完,最好采用水溶肥。叶面肥以大量元素肥＋微量元素肥为主,目的是加快促进新梢生长老熟,减少病虫害侵染。

 椪柑幼树重点防治哪些病虫害?

保护新梢不被病虫危害是幼树病虫防治的重点,一般要求发1次梢,喷1次药。

(1)新梢萌动长1厘米以下,施药防治潜叶蛾、蚜虫、椿象、炭疽病、溃疡病、脂点黄斑病等危害嫩梢的病虫害。

有效药剂:噻虫啉、噻虫嗪、吡虫啉、阿维菌素、甲维盐、菊酯类、代森锰锌、噻唑锌、喹啉铜、氢氧化铜等。

(2)新梢长10厘米时,施药防治潜叶蛾、凤蝶幼虫、蚜虫、粉虱、恶性叶甲、象甲、红蜘蛛、炭疽病、溃疡病、脂点黄斑病等。

有效药剂:噻虫啉、噻虫嗪、吡虫啉、阿维菌素、甲维盐、菊酯类、代森锰锌、噻唑锌、喹啉铜、氢氧化铜等。

(3)间隔10～15天后,防治红蜘蛛、凤蝶幼虫、恶性叶甲、炭疽病等。

有效药剂:噻虫啉、噻虫嗪、吡虫啉、阿维菌素、甲维盐、菊酯类、代森锰锌等。

 幼树期间如何安排果园间作?

椪柑园间作以绿肥为主,间作物以豆科植物和禾本科牧草为宜,也可选择藿香蓟、百喜草、红花草等绿肥间作,并适时刈割翻埋于土壤中或覆盖于树盘中。树冠下不间作绿肥,幼树留出1.0～1.5米的树盘不种绿肥。椪柑园不得间作高秆及缠绕性植物。

自然生草,定期刈割也是一种先进的管理模式,对果园土壤的修复,有机质的积累有非常好的促进作用。在椪柑园间作花卉,花期观赏,冬季作为绿肥,效果良好。主要花卉品种为格桑花。

 椪柑在哪几个时间段需要修剪? 如何确定修剪时期?

椪柑有三个修剪时间段,每个时间段的修剪发挥不同的作用。

(1)冬季(春季)修剪。暖冬可在冬季进行,冬季温度低的地区在春季进行,避免树势因修剪而衰弱。冬季修剪的目的是清洁果园,调整树形。

(2)花期复剪。在椪柑花期进行,以调整叶果比为主要目的。

(3)夏季修剪。是优质椪柑的一个重要管理窗口,主要目的是改良树形,调整结果量,缓解梢果矛盾。

冬季修剪的要点有哪些?

(1)修剪原则。遵循"大枝稀、小枝密、上部稀、下部密、外围稀、内膛密"的"三稀三密"基本原则进行修剪,保持结果树外围稀疏、内膛饱满、通风透光、立体结果、丰产稳产。

(2)幼树整形。幼树修剪量宜轻,尽可能保留枝梢作辅养枝(冬季修剪稍重)。在主干高 40 厘米左右剪顶定干,剪口下 10～15 厘米为整形带,选留 3 个方位适当、分布均匀的分枝作主枝;对选留出的 3 个主枝在 20 厘米处短截,促其萌发强枝,每主枝选留 3 个方位适当、分布均匀的分枝作副主枝,逐级扩大树冠;抹除零星萌发嫩梢,统一放梢,及时抹除花蕾,减少养分消耗。

(3)结果树修剪。中度短截 1/3 枝梢,让其抽生营养枝。缓放 1/3 的枝梢,开花结果。疏除 1/3 枝梢。遵循"截强枝、保中庸、除弱小"的原则,保持树势中庸偏旺。盛果期枝组结果后易衰弱,应对其中一部分回缩和短截,促发营养枝,增强树势。

花期修剪的要点有哪些?

花期修剪是对冬季修剪的补充,经过冬季修剪,春季树体会萌发大量的春梢,春梢的数量和质量对椪柑的产量影响较大。当年春梢数量过多,新梢质量会下降,弱梢数量大,不宜作为第二年结果母枝,同时新梢量大,会形成花、梢之间的矛盾,严重时会导致大量落花。因此春梢超过 10 厘米,要对春梢进行调整,抹除部分弱梢,达到梢与花的平衡。

夏季修剪的要点有哪些?

椪柑夏季修剪有两大主要任务:

(1)补充整形。对椪柑实施高改矮,最佳时期在夏季。在夏梢发生结束后,通过拿大枝的方法去掉过高的枝组;下部完全光秃的树采用 1.5 米以上剃平头的方式回缩。修剪结束后,对暴露在阳光下的枝干用涂石灰水的办法适当保护,防止裂皮。夏季回缩整形的最大优势是避免了大量萌发春梢和夏梢,减少了管理用工。同时通过夏剪回缩后,发生的新梢,全部是生长量不大的秋梢,第二年可以作为结果母枝培养,不会扰乱树形。

(2)处理夏梢,为果实膨大减少营养竞争对手。成年结果树上抽生的夏梢负面作用较大,与正在膨大的果实争夺养分是其最大的负面作用,同时夏梢直立且生长量大,非常容易形成中心干、打伞枝,扰乱树形。另外,夏梢还是椪柑病虫的重要传播通道,潜叶蛾、溃疡病主要通过夏梢传播。因此成年结果树如果不想继续扩大树冠,对其萌发的所有夏梢都要进行处理。具体方法:6 月 20 日后,春梢正常的果园萌发的夏梢全部疏除;春梢量不足的果园,选择少量夏梢进行短截,15 日后再抹除短截点附近的萌芽,促发早秋梢。其余未短截的夏梢,全部疏除。

 控水增糖的原理是什么? 如何开展增糖栽培?

利用水分胁迫促进糖的积累是柑橘控水增糖的基本原理。生产上控水增糖主要采取下列措施:

(1)设施栽培。利用大棚、棚架人为隔离雨水,减少柑橘成熟期根系水分环境。

(2)覆膜栽培。柑橘果实膨大结束后,宜昌地区,一般在 10 月中旬以后,使用反光膜、无纺布等隔水反光材料覆盖果园地面,阻断水分供应。

(3)果园开沟排湿。容易积水且湿度较大果园,有意识地开深沟,降低果树根系水分含量。平地果园可以采用抬高栽培的方式实现秋季控水的目标。

 适合椪柑种植的肥料品种有哪些?

适合椪柑种植的肥料分有机肥、无机肥、复混肥和微量元素肥料。

(1)有机肥。①人粪尿。人粪尿含有较高的氮,有机质含量丰富,但磷、钾较少。新鲜人粪尿不能直接为椪柑果树吸收,还会发生有害作用,用作追肥要经沤制。②家畜粪尿与厩肥。家畜粪尿有机质含量高,通常氮、钾含量高,磷较少,尤其适合结果前的幼树施用。猪粪尿肥效持续长,常称暖性肥料;牛粪腐熟较慢,属冷性肥料;鸡粪含氮、磷、钾,是人畜禽粪中含量较高的一种,性较烈,须经堆沤才可施用。长阳在椪柑生产上以使用经过发酵的鸡粪作为还阳肥。普遍反映施用猪粪后果实偏酸。③饼肥。属完全肥料,含氮、磷、钾比例适当,还含其他成分,系椪柑很好的肥料。麸饼肥有花生麸、桐籽麸、茶籽麸、菜籽麸和大豆饼等。花生麸、菜籽麸肥效较快,其余的较迟。麸饼肥常用作基肥,用作追肥应粉碎或发酵后施用。④堆肥。堆肥是作物残体、杂草、草皮泥、垃圾、绿肥、石灰、人粪尿等,经高温发酵堆制而成,是良好的有机肥料。⑤绿肥。绿肥是椪柑果园改良土壤、培肥地力的主要肥源,含有丰富的有机质。在优质椪柑生产中,早期果园封行前以种植箭舌豌豆,有固氮作用,草量大,可多年生长,效果好。

(2)无机肥。①尿素。尿素含氮量 46%,中性,易溶于水,施入土中转化为碳酸铵,属速效性肥,常作追肥用。一般土温 10℃时,尿素转化为碳酸铵需 7 ~ 10 天,20℃时需 4 ~ 5 天,30℃时只需 2 ~ 3 天即分解完。对土壤无副作用,但因其吸收后生成的副成分碳酸对根系生长不利,因此不能深施。②碳酸氢铵。含氮量17%,碱性,性质极不稳定,易挥发出强烈刺鼻、熏眼的浓氨臭味。易溶于水,在水溶液中分解出铵离子和碳酸根离子,均能被根吸收,系速效氮肥,作追肥时一定要开深沟施,施后马上盖土。可与过磷酸钙混合使用,但不能与碱性肥混合、不能与根接触,以免氮素损失、烂根。③过磷酸钙。含有效磷14%～20%,强酸性肥,能溶于水,是速效肥。由于施后易与土中石灰、铁、铝化合成不溶性物质,为发挥其肥效,可与堆肥等有机肥混合施用,常用作基肥。④硫酸钾。含氧化钾50%,是生理酸性肥料,易溶于水,速效,施入土壤后钾离子可被根直接吸收利用,也可被土壤胶体吸附,但连用、多用会使土壤酸化。鉴于椪柑是对氯敏感作物,一般不施用氯化钾。硫酸钾与堆肥、过磷酸钙混合施效果更好。

(3)复混肥。复混肥是将氮磷钾肥按生产需要,以一定的比例,加入特定填充料,用物理掺混的方式制作的肥料。按肥料属性属于无机化肥。复混肥是目前柑橘生产上常用的肥料。氮磷钾的比例及其他配方可以按生产要求加入有机质、微量元素,灵活性较强,非常受农民欢迎。

(4)微量元素肥料。除氮磷钾以外的肥料统称微量元素肥。一般将中量元素和微量元素统称为微量元素。主要特点是用量小,很少或不能单独使用。主要品种是镁、铁、锌、硼、锰、钼,生产上经常使用的是多元素混合的微量元素肥。

205 基肥的种类和用法是怎样的?

基肥又称还阳肥,是对椪柑品质和花芽分化质量具有重大影响的一次肥料。一般在采果后施用。使用的肥料品种以腐熟的有机肥为主,最好不使用速效肥。缺磷地区果园,在施基肥时可以同时加入磷肥。

基肥的施用方式一般采用沟施。开沟采用逐年隔行开沟的方式进行。沟宽、深40厘米左右,开沟同时完成断根(根系修剪)作业。江西在生产上使用未腐熟有机肥作为基肥,方法是将渣草、饼肥、修剪后的枝叶等有机质直接填入沟中,1～2个月后,有机物质自然腐烂后再回填。这种方式可以减少施肥工作程序,降低劳动强度。

206 萌芽肥的种类和用法是怎样的?

椪柑以春梢为主要结果母枝,春梢质量对第二年产量至关重要,必须施用萌芽肥。柑橘萌芽肥主要是供应3—6月柑橘生长发育所需的养分。此时,柑橘还处于花器发育、春梢萌发生长、开花结果阶段,萌芽肥施足与否,对花器发育、春梢萌发数量与整齐度、根系生长等至关重要。柑橘萌芽肥一般在春芽萌发前10～15天施下,以速效氮为主,配施磷肥。如遇春旱则应适当加水施用。施用萌芽肥时应注意不要施用过迟、过量,也不要施用迟效肥料,否则会造成春梢后期徒长或晚春梢猛长,形成梢果矛盾,出现幼果在短期内大量脱落现象。

207 稳果肥的种类和用法是怎样的?

规模化椪柑生产中稳果肥一般采用叶面施肥方式进行,从花谢 2/3 开始,到 6 月中旬,结合病虫防治施用稳果肥。基本配方是叶面喷施 0.3% 的尿素加 0.2% 的磷酸二氢钾。生产上根据果园上年表现出的缺素症状,在施稳果肥时同时补充微量元素肥料。

208 壮果肥的种类和用法是怎样的?

椪柑是大果型品种,果实膨大期需要大量的营养补充,因此在椪柑生产上壮果肥至关重要。

施肥时间:壮果肥在第二次生理落果结束后施肥,宜昌地区一般在 7 月上旬施用。施肥时间不能提前,否则容易导致夏梢旺长,也不能拖延,施肥时间过迟,影响果实膨大速度,严重时可能影响果实成熟和果实风味。

肥料种类:以复混肥为主,也可根据土壤检测数据自行配制。要求同时兼顾氮磷钾三大元素,不能偏施氮肥。缓释肥和长效肥不宜作为壮果肥使用。

施肥方式:在规模化种植的椪柑基地,主要采取雨前撒施或撒施后灌水的方式施用壮果肥。相比较传统的开沟施肥可以节约大量劳动力。随着水溶肥技术的成熟,水肥同施技术可以在壮果肥上得到广泛应用。

209 哪些品种需要进行保花保果?怎样开展保花保果工作?

大多数椪柑品种是有籽品种,果实内源激素充足,坐果率高,生理落果量少,生产上一般可以不用激素保果措施。但是,随着无核品种的选育和推广,保花保果在无核椪柑生产上显得十分重要。

在无核椪柑上常用的保花保果措施:①加强肥水管理。促进春梢老熟,增强树势,促进花器正常发育,减少落花落果。花期喷施微量元素,特别是硼肥,提高花质量。②在两次生理落果期喷施保花保果药剂。③环割保果。长势比较壮旺的树,在第一次生理落果前期用小刀环割主干或大枝一圈,在第二次生理落果前期视树势和挂果量再环割一次,可有效提高坐果率。环割要求切断韧皮部,不伤木质部,老弱树不宜环割。④疏除过多过旺春梢及早夏梢,解决梢果矛盾。一是疏除过旺生长的春梢,在梢枝剪前按照"三去二、五去三"的原则疏去部分新梢;二是摘心,春梢长至 15 厘米时要摘心节约营养;三是在夏梢 3～5 厘米时,全部抹除,连续摘除夏芽,减少营养消耗,减少落果,直到第二次生理落果结束。

210 椪柑为什么要疏果？怎样疏果？

椪柑果实越大，价值越高，为了椪柑果实整齐、个大、质优、商品性能好，必须进行疏果。疏果技术要点如下：

(1)时间选择。椪柑疏果时间从椪柑第二次生理落果结束到果实膨大期结束前15天均可进行。疏果一般分三个阶段进行：第一阶段从第二次生理落果结束开始，长阳一般从7月1日开始，15天内完成；第二阶段从立秋开始，长阳一般在8月中旬；第三阶段在10月上旬进行。

(2)疏果方法。第一阶段用手工抹除，疏除的幼果可集中晾干后作为中药销售；第二、三阶段疏果须使用采果剪或枝剪。

(3)疏除对象。第一阶段为疏果量最大的一次疏果，力求一次将留果量调整到理想状态，达到的目标是每个结果枝结果量不超过3个，以1～2个为最佳，且果与果之间保持适当距离；第二阶段疏除病虫果和连理果中的小果；第三阶段疏除可能的等外果和瑕疵果。

(4)配套技术。为了方便疏果必须合理配置果园密度，并降低树冠高度。密度过大，结果部位上移，疏果难度加大，疏果效果相应会受到影响。

211 晚熟柑橘果实越冬怎样管理？

(1)巧施越冬肥。晚熟柑橘后期施肥要做到"冬肥秋施"，控施氮肥，增施磷钾肥。即于10月上中旬增施一次越冬肥。肥料以生物有机肥为主，合理配施一定量的柑橘专用复合或复混肥。每株成年果树可施用生物有机肥1.5～2.0千克或柑橘专用复合或复混肥0.5～1.0千克，若遇干旱施肥应结合灌水。同时，以提质增效为目的，因园制宜进行2～3次叶面补肥，补喷0.3%～0.5%尿素＋0.2%磷酸二氢钾混合液或其他成品营养液。

(2)灌足果园水。进入冬季，一般10～15天无降雨过程，叶片开始萎蔫，即要对果园进行灌溉，灌溉时要做到一次性灌足、灌透，并及时进行收墒覆盖。

(3)慎用保果剂。据实际生产调查，不规范施用2,4-D等激素类药品，会导致果实皮增厚、油胞增粗和粒化(果实枯水)现象加重。对此，建议在晚熟柑橘生产中，不使用激素类药品，若冬季遇强降温、降雪等恶劣天气，须施用但必须控制好浓度，一般1克2,4-D兑水35～40千克。

(4)综合防冻术。为保障晚熟柑橘安全越冬，除适时落实好以上技术措施外，还应视具体情况科学地、及时地落实好一般性柑橘越冬管理技术。一是覆盖防冻。即若遇强降温恶劣天气，可采取树冠覆膜或单果套袋、地面覆草等措施防冻。二是主干刷白。即利用石灰白色反光作用，减少树干对光的吸收，缩小昼夜温差，防止冻害造成树干裂皮,同时隔离冰层与树干皮层,减轻冻害。涂白剂为生石灰 10 千克＋石硫合剂渣 3 千克＋清水 30～40 千克＋食盐 0.2 千克,充分搅拌均匀使用。三是园内熏烟增温。在雨后转晴的凌晨,采取临时熏烟的措施能提高果园内温度,有效防止冻害的发生。方法是在果园内每 667 平方米均匀堆放 10 个草堆,上压少许土,于雪后转晴凌晨点燃,要求烟熏,不要明火。四是适量疏果。若遇极端特殊气候,还可因地制宜、因园制宜、因树制宜适量疏除特大、特小果和各类畸形果、病虫果,以最大限度降低树体负载量,确保树体安全越冬和正常生长。

212 如何选择椪柑采收时间?

果实的采收根据销售计划和果实成熟度分阶段采收。如果要贮存,应在果实未完全成熟时采收,一般在果实着色七成左右即采下。这种果较耐贮运,可贮放一段时间后上市,以调节果品的货架期。鲜销椪柑则要求九成熟采收,果实风味才有保障。完全成熟后采收果实不耐贮存,且果肉软化、多汁,囊瓣不易剥开。椪柑采收不宜超过 12 月中旬,否则会影响到来年果树的产量,采收时间应在晴天露水干后进行,凡遇风霜、雨天、雾天不采收,大风、大雨后应隔两天采收。

213 椪柑正确的采收方法?

方法:先外后内,先下后上,一果两剪,第一剪留长梗剪下,第二剪齐果蒂剪平。

要求:采果时不可吸烟,不可攀枝拉果,不可强拉硬扯,果实必须轻拿、轻放,避免伤果影响贮藏及销售。伤果、落果、畸形果、病虫果等必须另外放置,枯枝杂物不要混在其中。采下的果实不要随地堆放,更不要日晒雨淋。汽车装载应适度,以八至九成满为宜,轻装轻放,运输途中应尽量避免果实受到大的震动而造成机械损伤,影响品质。

214 椪柑如何保鲜?

精细采摘:采收时一定做到一果两剪、轻拿轻放,避免和减少机械伤。第一剪带一、两叶剪下果子,第二剪平果蒂。碰伤果、脱蒂果、病果剔除;小果、畸形、等外果单独保鲜,装果运输使用专用周转箱。

浸果:采果前要提前准备好保鲜药剂,准备好采果箱。果实到库后,第一时间完成浸果工作。浸果时间以果面全部浸过药液即可。浸果时间 1～3 分钟。浸果药剂当天配制,当天使用。目前在椪柑上经常使用的保鲜剂有:

(1)25％咪鲜胺 5 克＋百可得 5 克＋2,4-D 1 克兑水 10～15 千克,可保鲜果实 750 千克。

(2)45％使百克 2 号 50 克兑水 40～50 千克＋2,4-D 5 克。

(3)30%鲜亮保鲜剂 100 克兑水 40 ~ 50 千克＋2,4-D 5 克。

(4)40%霉得克 100 克兑水 50 千克＋2,4-D 5 克。

 椪柑如何预贮？

通风预贮。经防腐处理的柑橘放在通风的库房,打开门窗,利用空气对流,使果皮水分稍散失,可有效减少变味果和腐烂果。预贮时间一般 5 ~ 7 天,如预贮时遇到雨天,可以延长到 10 ~ 12 天。通常以果皮稍干、果实失重 3% ~ 5% 为宜。预贮后的椪柑用聚乙烯薄膜袋单果包装贮藏。

 椪柑如何分级？

有人工分级和机械分级两种方法。人工分级主要使用分级板,速度慢、效率低。精品椪柑生产上主要采用机械分级的方式,根据椪柑果实的分级标准设计生产了专用分级机。

椪柑专用分级机可以完成浸果和分级两项任务。机械分级速度快、效率高,分级准确,用工量小,是椪柑生产必备机械。宜昌地区椪柑专用分级机已经实现了小型化,适宜小规模椪柑生产者使用。移动方便,也可以多家联合使用或租赁给他人使用。

 椪柑如何进行贮藏期管理？

柑橘贮藏期间要求库房门窗遮光,库内温度一般保持 4 ~ 10℃,相对湿度以 85% ~ 90% 为宜,昼夜温差变化尽量少。贮藏初期,库房内易出现高温高湿,缩短柑橘寿命,这期间要加强通风,尽快降低库房温湿度。当外界气温低于 4℃ 时,要及时关闭门窗,用草堵塞通风口,加强室内防寒保暖,午间气温较高时通风换气;贮藏后期,当外界气温上升至 20℃ 时,要关闭门窗,实行早晚换气或温度低于 16℃ 时通风换气。当库房内相对湿度降到 80% 时,采用箱藏柑橘的应覆盖塑料薄膜保湿。覆盖的薄膜离地面 25 ~ 30 厘米,切勿密闭;采用堆藏的柑橘可在上方铺盖干净稻草保湿。同时,都可以用地面洒水或盆中放水等方法来提高空气湿度。在贮藏期间,要定期检查,遇到浮面烂果,可随时剔出,但尽量不要翻动。

 怎样建设椪柑通风贮藏库？

自然通风库宜建设在交通方便、四周开阔、地势干燥、附近无污染源和刺激气味的地方。一般在场部附近但又要保持适当的距离。按 350 千克每平方米的标准,确定贮藏保鲜库的面积。如果贮藏保鲜数量大,可按规范建设,每栋贮藏库宽 7.5 ~ 10.0 米(具体根据地形地势而定),长 75 ~ 100 米,面积 750 平方米,高 4.5

米,具体建造多少栋,须根据贮藏保鲜的柑橘数量确定。

每栋通风库可分为若干小间,每间面积 30 平方米左右,这样有利于保持湿度和温度。为了保持库温稳定,采用双层砖墙,墙的总厚度以 70 厘米左右为好,以保证良好的隔热性,中间留 20 厘米厚的空气层或在中间填充隔热物(如干燥的炉渣)。库顶设天花板,上铺 30 厘米厚的稻草或干稻壳,以更好隔热。在库房进门处或库的一侧设置缓冲间,以免开门时热气直接进入贮藏间。库房拟设双层套门,方向朝东。库顶设通风道,屋檐下设通风窗,地面下设进风道。在通风道口装一插板风门,以控制进风量和防止过热过冷空气进入库内。库房四周近地面处,每隔 2～3 米设一地面通风道,屋檐下每隔 5～6 米设一屋檐通风窗,屋顶每 3～4 米设一抽气筒。进风口大小按每 10 平方米库房开 0.44～0.72 平方米的面积安排。抽风道口面积,按 10 平方米库房开 0.14～0.25 平方米的标准安排。所有门窗均应为双层设置。

四、甜橙种植实用技术

219 甜橙的引种和种植应注意什么？

（1）非疫区不得从疫区引种，从非疫区引种的材料要进行隔离观察与病毒鉴定。

（2）对引进的品种进行系统的植物学、农艺学性状观测与分析。引种要注意生态相似性原则，进行品种比较与适应性试验，只有产量、品质、抗逆性等主要指标优于当地主栽的品种或具有易被消费者喜欢的特殊品质、对产地生态条件适应的品种才是引进的目标。

（3）规范引种步骤。一般经历三步，试验—示范—推广。

220 甜橙主要优良品种有哪些？成熟期和主要特点是什么？

适宜宜昌地区的甜橙主要优良品种、成熟期和特点（表2）。

表2　甜橙主要优良品种、成熟期和特点

品种	成熟期	主要特点
梦脐橙	10月下旬至11月初	圆球形，橙黄色，光滑，肉质柔软，风味浓，丰产性好
福本脐橙	11月上旬	成熟早，果面光滑，颜色深而艳丽，肉质脆嫩，化渣多汁，产量中等
早红脐橙	10月中下旬	果肉红橙色，果肉质地细嫩，化渣，果汁含量多，可食率高。果面油胞较粗
华盛顿脐橙	11月下旬至12月	长圆球形或倒卵形，橙色或橙红色，肉质脆嫩化渣，酸甜适中，皮较难剥离，容易发生芽条变异
岚丰脐橙	11月中下旬至12月上旬	圆形或椭圆形，橙红色，适应性强，丰产性好，果实品质好、耐贮藏
纽荷尔脐橙	11月下旬至12月上旬	丰产优质，果面颜色橙红色至深红橙色，果肉汁多化渣有香味，外观内质均优，对硼敏感
奈维林娜	11月上中旬	果实长椭圆形或倒卵形，果肉脆嫩化渣，产量不稳定
福罗斯特	12月中下旬	圆球形或椭圆形，果肉脆嫩化渣、清甜，可留树贮藏至翌年1月底至2月上旬
红肉脐橙	翌年1月下旬至2月上中旬	果肉含番茄红素较多，呈均匀的红色，果汁多，味甜酸适中，果实偏小
伦晚脐橙	翌年3月下旬	生长势强，果实肉质脆嫩，汁多化渣，果实浅橙红色，皮硬、皮薄、光滑，外观漂亮，脐黄及裂果率低。果实可挂树至五一期间上市。冬季低温有冻害区域不能栽培

夏橙有哪些品种？主要特点是什么？

适宜宜昌市种植的夏橙（图45）品种和特点（表3）。

表3　夏橙品种和特点

品种	主要特点
伏令	加工橙汁最好原料，丰产性中等，成熟期翌年4月下旬至5月下旬
奥林达	肉质脆嫩化渣、味甜有清香，品质好、丰产，鲜食加工兼用
福罗斯特	风味浓、品质优良，鲜食加工兼用
卡特	品质好，丰产性好，果面稍粗糙
德塔	椭圆形，无核，成熟期比伏令早1～3周，果实略大于伏令，内膛结果为主
密奈	球形，少核或无核，果皮薄，紧贴果肉，化渣多汁，丰产优质，成熟期比伏令早2周，也可挂树至伏令夏橙采收末期，果实适宜于鲜食和加工
路德红	果肉颜色较深，果大丰产，结果较早，成熟期与伏令夏橙相似

图45　夏橙果实

 早红脐橙有哪些优缺点？在栽培上应注意什么？

早红脐橙（图46）系罗伯逊脐橙芽变，为农业部植物新品种保护品种。该品种10月中下旬成熟，是目前我国所有栽培脐橙中成熟期较早的品种之一，其果肉为红橙色，呈色色素为β-隐黄质素。果实球形，果实大小中等，单果重200克左右。较易剥皮，囊壁较薄，果肉质地细嫩，化渣，果汁含量多。果实含酸量0.7%～1.0%，可溶性固形物12.0%～14.5%，果实富含香气，可食率较高。

该品种是一个鲜食与榨汁的好品种，缺点是油胞粗，果皮未完全成熟时采收易出现油胞下陷的问题。由于兼有温州蜜柑的血统，适宜范围较广，可以适度发展。在栽培上应注意选用枳橙、红橘、香橙生长势强的砧木，大年疏花疏果，小年保花保果，并强化肥水管理，防控树体早衰。

早红脐橙横剖图

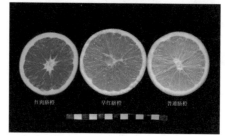

红肉脐橙、早红脐橙、普通脐橙对比图

图 46　早红脐橙果实

223　秭归选育的金峡桃叶橙与普通桃叶橙有什么区别?

秭归选育的金峡桃叶橙果皮橙红光滑,香气浓郁,风味更优,与普通桃叶橙相比(图 47):①种子数明显减少。平均单果种子数 4 粒,普通桃叶橙平均单果种子数达 14 粒。②可溶性固形物含量和固酸比值高。可溶性固形物含量平均 12.8%,高出普通桃叶橙 0.7 个百分点,固酸比值平均 20.98,高出普通桃叶橙 2.36。③果实比亲本大。平均单果重 155 克左右,高出普通桃叶橙 28 克。

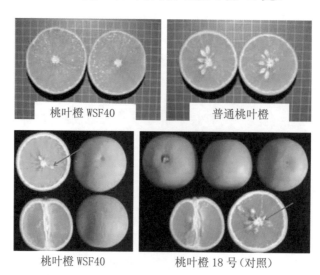

桃叶橙 WSF40　　　　普通桃叶橙

桃叶橙 WSF40　　　　桃叶橙 18 号(对照)

图 47　桃叶橙 WSF40 和桃叶橙 18 号、普通桃叶橙果实的对比

纽荷尔脐橙的品种特性是什么？

纽荷尔脐橙（图48）树体生长较旺，树势较强，树姿开张，树冠扁圆形或圆头形，枝条粗长，披垂，有短刺。结果较朋娜脐橙和罗伯逊脐橙晚。果实椭圆形至长椭圆形，较大，单果重200～250克，果面光滑，果色橙红，多为闭脐。果肉细嫩而脆，化渣，汁多，可食率73%～75%，果汁率49%左右，可溶性固形物12.0%～13.5%；每100毫升糖含量8.5～10.5克，酸含量1.0～1.1克，维生素C含量50.3毫克，品质上乘。丰产性也好，对硼比较敏感，容易出现缺硼症状。

图48　纽荷尔脐橙果实

伦晚脐橙的品种特性是什么？

伦晚脐橙（图49）属晚熟脐橙品种。树势中等，生长势旺，枝叶与华脐相似。幼苗期生长快，高换树树形紧凑，树冠圆头形。果实近圆球形，果实中等大，平均单果重200克以上，浅橙红色皮硬光滑，外观漂亮，脐小，极少开脐，脐黄及裂果率低。果

图49　伦晚脐橙果实

皮较薄,肉质致密脆嫩,汁多化渣,可溶性固形物含量12.5%以上,可滴定酸含量0.69%,维生素C含量38.9毫克每100克,果汁率45.5%,可食率74.1%。翌年3月中下旬成熟,可挂树至五一期间上市。该品种是目前国内公认的较好的晚熟脐橙品种,栽培时一定要注意海拔不宜过高,同时要避开风口、洼地、地下水位高、光照不足的区域。

红肉脐橙的品种特性是什么?

红肉脐橙(图50)又名卡拉卡拉脐橙,是委内瑞拉从华脐中发现的芽变,1990年代引入我国。该品种树势较强,开张,大枝粗长而披垂,叶片偶有细微斑叶现象,小枝梢的形成层常显现淡红色。果实圆球形或椭圆形,一般闭脐,平均单果重200克左右。最突出的性状是红色系胡萝卜素存在于汁胞壁中,虽然果肉呈均匀的粉红色至红色,但流出的果汁仍为橙色,有特殊香气,品质优,十分适合作水果色拉或拼盘,可溶性固形物13.3%,总酸量0.66%,维生素C含量57毫克每100克,固酸比20:1,可食率72%,早果性好。果实12月上旬着色,中、下旬成熟,可挂果越冬至第二年的2—3月采收,最迟可到3月20日。红肉脐橙富含番茄红素,是一个具有保健功能的鲜食脐橙品种,且成熟期跨度时间较长,比伦晚的适栽范围要大一些。

图50 红肉脐橙果实

晚熟脐橙在种植上应注意哪些事项?

晚熟脐橙因需挂树越冬,所以要控制在冬季没有低温冻害的区域种植,同时,为避免冬季低温落果和粒化现象发生,除加强土、水、肥和病虫防治管理外,还要强化果实管理,应通过修剪、疏果抹梢等措施来合理调节树体负载量,控制果实大小,并在11月至翌年1月,喷2次30毫克/千克的2,4-D加微量元素肥料保果。同时,冬季如遇较强低温,应注意采取果园灌溉、地面覆盖、适时摇雪、及时熏烟、树冠覆膜、单果套袋、主干刷白等措施防冻。

甜橙优良砧木各有什么特点？

适宜宜昌的甜橙优良砧木品种和特点(表4)。

表4　甜橙优良砧木品种和特点

品种	主要特点
枳	属于矮化砧木,易嫁接、亲和力强,嫁接后开花结果早,果实品质高,抗寒、抗旱,抗脚腐病、流胶病、线虫病,不抗裂皮病和碎叶病,不耐盐碱。适用于甜橙、温州蜜柑、椪柑、瓯柑、砂糖橘、沃柑;不适用本地早、柳橙、蕉柑、汤姆森脐橙
枳橙	属于半矮化砧,根系发达,生长旺,幼苗生长快速,耐寒耐贫瘠,抗病力强,有的品系抗衰退病。适用于甜橙、温州蜜柑、本地早、椪柑、葡萄柚
红橘	属于乔化砧,根系发达,树冠直立性强,结果晚,后期丰产,抗裂皮病、脚腐病,耐涝、耐瘠薄、耐盐碱。嫁接甜橙,结果年龄迟,品质比枳差。适用于橙、柑、橘、柠檬
酸橘	属于乔化砧,树冠高大,根系发达,耐旱耐湿,寿命长,产量稳定,大小年现象不显著,果实品质优良,苗木初期生长缓慢。适用于甜橙、蕉柑、椪柑,不适用温州蜜柑
香橙	属于乔化砧,树势高大,主根深,细根少,抗寒、抗天牛,较抗脚腐病,较耐碱,但不耐湿热。亲和力好,结果较枳稍晚,后期产量高。适用于甜橙、温州蜜柑和柠檬

 芽变选种的意义和方法是什么？

芽变选种常常是在现有良种中开展的,所以选育的新品种综合性状往往较好,只要在一个或几个主要性状上有所变异提高,或克服了一个或几个缺点,就可成为十分优良的新品种。芽变选种方法简单,容易掌握,选育周期较短,采用无性繁殖方式,性状一般能稳定遗传,因此在柑橘品种改良中应用十分广泛。

芽变选种的方法:首先确定选种目标,然后根据选种目标抓住最易发现芽变的有利时机,集中进行选择,芽变选种分两级进行。第一级是从生产园(栽培圃)内选出变异优系,包括枝变、单株变异,即初选阶段;第二级是对初选优系的无性繁殖后代进行比较筛选,包括复选和决选。

 温度对甜橙果实品质有什么影响？

(1)温度对糖、酸含量及糖酸比值的影响。气温对柑橘果实品质影响是多方面的,温度对果实的糖酸含量的影响,通常在一定范围内糖分含量随温度的升高而递增,酸含量随温度的下降而递增。研究结果表明,$\geqslant 10℃$的年积温$\leqslant 8\,000℃$,1月平均气温$\leqslant 13℃$和极端最低温历年平均值$\leqslant -1℃$的条件下,甜橙的品质随气温升高,含糖量、糖酸比上升,含酸量、维生素C含量下降,风味甜浓,品质上升。由此可见,甜橙要求热量丰富,但不宜过高,温度过高过低都会影响果实品质。

（2）温度对果皮的着色、果肉和果汁的影响。成熟柑橘果实中所含的色素，果皮橙黄的主要是类胡萝卜素，果皮红色的主要是花青素。随着果实的成熟，气温逐渐下降，果皮中叶绿素分解，类胡萝卜素增加。通常年平均气温越高，可食的果肉和果汁的比例越大，果皮比例越小；反之则果肉、果汁的比例小，果皮的比例大。

 异常温度对甜橙有什么影响？

（1）低温。低温是柑橘冻害的主要原因，低温对柑橘的危害：一是叶片受生理干旱失水而脱落，当土温下降导致根系失去吸水机能时，叶片蒸腾作用而出现生理干旱脱落，严重时树体死亡。二是冻伤枝叶和果实。三是花芽萼片未形成时遇低温，花芽分化数量少。同时低温对果实品质影响主要是果实组织败坏，不能食用，轻微受冻也会使果实水肿，变味和不耐贮运。

（2）高温。当气温、土温高达37℃时柑橘的枝叶、果实和根系都停止生长，同时高温干旱使树体严重缺水、叶片萎蔫，果实停止生长，加剧落果。长期高温干旱后遇雨会产生大量裂果，影响产量和品质。高温伴随强日照还会引起枝干和果实日灼病。

 甜橙对水分和湿度有什么要求？

水分在甜橙果实中占80%～90%，在枝、叶、根中占60%以上，水分对维持树体、果实正常生长起着关键作用，植株各种生理活动都必须在水的参与下才能正常进行。对此，在甜橙年度管理中应创造最佳果园土壤水分环境和空气湿度，最适宜的土壤持水量以60%～80%为宜，空气相对湿度以65%～75%为宜。要准确把握果园灌溉的时机，不能等到叶片萎蔫、卷缩，甚至发黄开始脱落时才灌，否则树体就会因缺水产生严重的不良影响。确定甜橙的灌水时期，除了可采取测定叶片的蒸腾作用、测定果实的纵横径等方法外，一般还可依据实践经验，观察清晨叶片如果依然没有恢复正常形状、不舒张，或夏秋连续干旱10天以上、秋冬连续干旱20天左右，且光照强度大，或手捏土壤不成团、松手即散，则必须适时灌溉。

 调节甜橙大小年结果的主要技术措施有哪些？

（1）为甜橙柑橘的生长创造一个良好的土壤环境，使甜橙树有良好的、众多的根系。

（2）有较好的、较厚的叶幕层，较多的叶色浓绿、同化能力强的叶片，用以保证同化物质的大量积累。

（3）控制挂果量，使其结果量适度，大年采取疏花疏果，小年采取保花保果。

（4）强化肥水管理、开展合理修剪、综合防治病虫。

怎样调节甜橙园地的土壤酸碱度？

土壤酸碱度又称土壤反应。pH 值等于 7 为中性，pH 值大于 7 为碱性，pH 值小于 7 为酸性。柑橘是喜酸性作物，最适宜的 pH 值为 5.5～6.5。一般红壤、黄壤的 pH 值为 4.0～5.5，紫色土 pH 值为 6.0～8.5，石灰性土壤 pH 值 7.0～8.5，应予矫正。无论强酸、强碱土壤都要种植绿肥、增施有机肥，测土配肥。强酸性土壤（pH 值低于 4.5），每 667 平方米施石灰 120～150 千克，连续施 3～5 年，土壤 pH 值可以提高到 6.0～6.5，有利于甜橙的正常生长。

 甜橙栽植的优良模式有几种？现在橙类柑橘苗栽植密度以多少株为宜？

柑橘栽植的模式主要有长方形、正方形、三角形、等高栽植。在宜昌地区，种植甜橙的地方，绝大多数是山地果园，平地较少，因此栽植的模式大部分选择的是长方形和等高栽植。栽植密度平地果园株行距 5 米×5 米，每 667 平方米栽 27 株为宜；山地果园株行距 4 米×5 米，每 667 平方米栽 33 株为宜。

 适宜脐橙种植的土壤类型有哪几类？

我国脐橙产区主要分布在南方及西南方的红壤、黄壤、紫色土丘陵山地，少数冲积土、水稻土和海涂土上可种植。

（1）红壤是在长期高温和干湿季交替条件下形成的，因成土母质不同可分为红黏土红壤、红砂岩红壤、变质岩红壤、花岗岩红壤、石灰岩红壤。红黏土红壤大多分布在江西赣江、抚河下游两岸，鄱阳湖平原等海拔 50 米以下的丘陵。红壤具有深厚的红色土层，心土和底土为棕红色。红壤普遍存在的特点是酸、瘦、板、黏，种植时一般要利用增施有机肥行进土壤改造。而石灰岩红壤和花岗岩红壤为中性和微酸性，肥力及土壤通透性较好。

（2）黄壤是亚热带温暖潮湿地区常绿阔叶林条件下生成的土壤。一般成土母质为石灰岩、砂页岩、变质岩和第四季砾石及黏土。土壤呈酸性和微酸性，有机质含量 2%～3%，黄壤土质贫瘠、涂色较浅，结构紧密，有机质很容易流失。

（3）紫色土由紫色页岩和紫色砂岩风化而成，共同点就是物理风化作用强烈，当母岩裸露时，只需要短暂的日晒雨露，很快就可以风化为脐橙生产的土壤，紫色土壤大多分布在四川及部分长江流域。

（4）冲积土在江河流域受流水侵蚀，在江河两岸沉积为阶地或洲地，而水稻土则是各自然土经过人为水耕熟化，淹水熟化而形成。前者通透性、耕作性较好，养分含量较高。而后者由于长期淹水缺氧，土中的氧化铁易还原为氧化亚铁而沉淀，

所以长时间种植后土壤下层较黏重,易形成犁底层。

(5)海涂土是海滩围垦成的陆地土壤。主要集中在沿海地区。特点是土壤中的钾、钙、镁等营养元素丰富,缺点是碱性较强,土壤pH值一般在8以上,种植时必须进行适当的改造。

237 脐橙种植海拔高度是多少?

海拔高度直接影响气温。海拔越高,气温越低,一般海拔每上升100米,气温下降0.5～0.6℃。年雨量却随海拔高度上升而递增,每上升100米,年雨量增加30～50毫米。海拔越高,光照越强,紫外线相应增加。在年均温17.5～18.0℃的山地,海拔500米以下的地带为脐橙种植适宜区。

238 什么是脐橙成年树?

脐橙成年树是相对幼树及未成年树而言,一般指种植超过5年,每株产量20千克以上的丰产果园。

239 优质丰产脐橙园的土壤如何进行管理?

脐橙是多年生常绿植物,具强大根系,在土壤中分布深广密集,且一年多次抽梢,花量较大,因此要想脐橙丰产优质,就必须有一个深厚肥沃的土壤条件。我国发展脐橙的地区多数是在丘陵山地,土层浅薄,立地条件较差,难以满足脐橙正常生长、发芽、开花结实,采取有效的土壤管理措施尤为重要。其主要管理措施,一是深翻抽槽,熟化土壤,即于5—6月或9—10月在行间开挖宽0.8～1.0米、深0.6～0.8米的沟,填施充足的有机肥,每年轮换,2～3年可全园深翻一次;二是合理间作,适时覆盖,即可采取行间种植绿肥或豆科类作物,达到以短养长的目的;三是稳步推行有机肥替减化肥工程,提高肥力,最大限度减少土壤面源污染;四是尽量不施用或少施用化学除草剂,维护良好土壤自然生态环境。

240 三峡地区脐橙园土壤存在哪些问题?

(1)土地瘠薄、土壤肥力低。三峡河谷果园坡度大,土层薄。一般果园土层深50～60厘米,少数只有20～30厘米,土壤肥力较低。

(2)流失严重。特别是坡度大的果园,容易干旱,淋雨很容易造成活土层及肥力流失。

(3)忽视有机肥的使用及土壤改良。土壤有机质平均含量只有1.0%～1.5%,土壤有机质含量较低,由于忽视有机肥的使用,部分果园土壤有机质含量在0.5%以下。同时,部分柑农没有认识到有机肥的作用,没有采用种植绿肥等措施改良土壤,致使有机质严重缺乏。

(4)土壤酸化。长期施用酸性肥料,致使土壤酸化趋势严重。

(5)施肥不当。一是肥料的种类不当。长期施用化肥或单一肥料,致使土壤板结,养分过于单一。二是施肥方法不当,特别长期撒施肥料,致使须根裸露,离地表近,易造成肥害,不耐干旱。

 脐橙园施肥应掌握哪些原则?

脐橙园施肥应根据其不同品种、物候期、土壤、砧木、气候环境等,做到平衡供肥、全面增肥、合理补肥、经济有效施肥。主要应遵循看树施肥,幼树少量多次,成年树根据其树势强弱、挂果多少等灵活施用;看气候施肥,因雨量、湿度等气候因素,灵活确定施肥量、施肥时间等;看土壤施肥,应根据其土壤酸碱性、土壤类型科学确定合理的肥料种类和施肥方法。同时还应做到三为主三配合,即脐橙施肥应按土壤类型和肥料特性配合施用,即有机肥与无机肥相配合,以有机肥为主;大量元素与微量元素相配合,以大量元素为主;地下施肥与树冠喷肥相配合,以地下施肥为主。

 如何确定脐橙园的施肥量?

施肥量受植株吸肥能力、土壤肥力、肥料种类、挂果量、品种等多种因素的影响。其施肥量一般根据土和叶片分析结果确定。一般而言,结果量中等的脐橙园每 667 平方米每年需纯氮 27 千克,五氧化二磷 16 千克,氧化钾 24.3 千克,比例接近 10:6:9。如果自己配肥的话,根据各种肥料的氮、磷、钾含量来计算需要的各种肥料。比如尿素的氮含量是 46.7%,每 667 平方米用尿素 57.8 千克,磷肥(过磷酸钙)的五氧化二磷含量是 12%,每 667 平方米用过磷酸钙 133.3 千克,钾肥(硫酸钾)的氧化钾含量是 50%,每 667 平方米用钾肥 48.6 千克。在施用的过程中,还须考虑到肥料的流失,以及可吸收的部分,实际用肥量应该多于理论值。

一般中等产量的果园,每 667 平方米每年尿素用量为 80 千克以上,过磷酸钙 180 千克以上,硫酸钾 60 千克以上。建议施肥时用高含量复合肥(总养分含量 40%或 45%)配合有机生物肥施用。用量为每年株施复合肥 1.5 千克+生物有机肥 1.5 千克。全年分 2 次施用,第一次在春季施用,占总量的 40%,第二次在壮果期施用,占总量的 60%,并辅以叶面肥。

 什么是脐橙果园肥水一体化?

传统的肥水一体化就是把肥料化成溶液,采用微灌、漫灌等灌溉的方式给果树施肥。而现代意义的肥水一体化,是集修剪、打药、灌溉、施肥等多种功能为一体的

现代技术的集成应用。其概念远远超出了施肥这个功能。主要指通过对果园建设一定的设施,采用管道、高压等一系列的措施,把果园分成若干的单元,而每个单元,都建有相应的功能设施。使用时,启动相应的功能单元,即可完成相应的田间管理,如修剪、灌溉、施肥、打药等。

脐橙果园的肥水一体化,可以节省劳力100%以上,提高肥效30%～50%,节约用水50%以上,是现代农业发展的方向,也是一种全国各地正在积极建设和实施的一种高效管理措施。

 脐橙初结果树如何施肥?

脐橙初结果树通常是指3～5年生长的树。施肥的目的是继续扩大树冠,使其尽快进入盛结果期。所以施肥既要满足扩大树冠对养分的需要,又要满足结果的需要。施肥主要集中在冬季、春前、夏末,夏季以前尽量少施或不施,以免增加夏梢的抽发。三峡河谷地区还有抹除夏梢的做法,其主要的目的是减少夏季梢,减少梢果争肥,减少夏季落果,同时,促发健壮的秋梢。因为秋梢是翌年的结果母枝。

初结果树一年施肥3～4次。春季为催芽肥,肥料种类以速效肥为主。夏末时候,三峡河谷地区在6月下旬或7月上旬,施壮果促梢肥,壮果和促进抽发健壮秋梢,肥料可选择有机肥＋复合肥。12月底以前施采果肥,肥料种类一般以有机肥为主。

一般初结果树每株年施尿素0.2～0.4千克,人粪尿20千克,绿肥15～20千克,厩肥20千克,过磷酸钙0.15～0.30千克。

 脐橙成年结果树如何施肥?

脐橙成年树是相对幼年树而言的。柑橘进入盛果期,营养生长和生殖生长达到相对平衡。其施肥量达到最大。盛果期柑橘一年通常施花期肥、稳果肥、壮果促梢肥、采果肥4种。

(1)花期肥。花期肥一般在春季发芽前期进行。春梢抽发的质量,对树体及挂果的影响较大。肥料的种类应以速效肥为主,根据情况也可施入一定的有机肥。一般在2月下旬至3月上旬进行,占全年总施肥量的20%左右。

(2)稳果肥。稳果肥的目的主要是提高坐果率。要注意的是不能在5—6月施入大量氮肥,以免造成促发大量夏梢,增大落果量。故此次施肥建议以叶面施肥为主。通常采用0.3%尿素＋0.3%磷酸二氢钾＋适量生长素等,15天1次,连续2～3次。

(3)壮果促梢肥。7—10月,是脐橙果实的快速生长期,也是秋梢的抽发期。一般而言,当年的秋梢,为翌年的结果母枝;同时,9—10月也是植株完成花芽分化的关键期,保证充足的养分,对当年的产量及翌年的结果,作用重大。为保证营养,这次施肥以速效化肥为主,配合施用有机肥。各个地区因地区不同施肥时期有所差异,在三峡河谷地区,一般在6月下旬至7月上旬。施肥量占全年总施肥量的50%以上。

(4)采果肥。一般中熟脐橙品种,在11月中下旬成熟采收。果实的采摘,要带走一定的营养,同时,果树还面临着越冬,也需要一定的养分。晚熟脐橙这次施肥又叫越冬肥。这次施肥时间在10月下旬至11上旬为宜,肥料种类以有机肥为主。施肥量占全年施肥量的25%左右。

 脐橙大年树与小年树在施肥上有何区别?

大年树是指当年结果多的树。大年树要求施足肥料,结合地上部修剪、疏花疏果等技术措施控制结果量,防止树体由结果多导致的早衰。小年树是指当年结果相对往年较少的柑橘树。施肥要求适当少施肥料,在春季施肥的基础上,施好稳果肥。稳果肥施用时间在第一次生理落果前期进行,种类以速效肥和速效钾肥为主。

 冻害、干旱树如何施肥?

(1)冻害树的施肥。柑橘树受冻害后树冠严重受损,一般会出现落叶、枯枝情况,严重还会出现裂皮等情况。脐橙受冻害后,容易造成树体地下与地上部分营养失去平衡,影响根系的吸收。在做好修剪、刷白等综合措施的同时施肥做到勤施薄施,以促发新梢为目的,尽可能地恢复树势。

肥料种类以氮、磷、钾速效肥为主,在每次抽梢前进行土壤施肥,抽发后要进行叶面喷肥。每7～10天喷1次,连续2～3次。

(2)干旱树的施肥。柑橘受到旱害后,枝、叶萎蔫,甚至枯死、脱落。根系吸收能力减弱。施肥要勤施薄施,氮、磷、钾配合,以速效肥为主。对旱害后抽生的新梢、嫩叶,要及时进行叶面喷肥,以恢复树势为目的。

 什么叫高接换种? 高接换种树如何施肥?

高接换种(图51)是在多年生成年树的基础上进行品种改良的一种方法,能有效地缩短品改恢复的时间,减少因品改而造成的产量损失。高接换种在脐橙品改上运用较多。根据湖北省秭归县脐橙品改经验,在罗伯逊脐橙成年树上高接红肉、伦晚等晚熟脐橙,基本可以达到"一年恢复树势,两年开始挂果,三年丰产"的栽培目标。高接换种作为一项品改措施,在当地被柑农广泛运用。

高接换种树施肥要施足底肥,以保证抽发健康、健壮的新芽、新梢。施肥时间一般在抽梢前，肥料以有机肥为主，配以适当的复合长效肥料。后根据抽梢时间，于抽梢时施以氮、磷、钾等速效肥料，补充相应的营养。做到勤施薄施。对于新梢及嫩叶，辅以叶面喷肥，加速叶面对营养及水分的吸收。

图 51   高接换种的柑橘树

 什么叫大树移栽？大树移栽树如何施肥？

大树移栽是指通过移栽成年结果树，以达到大株稀植、快速结果的目的，主要用于对老果园及郁闭园的改造。移栽前、移栽后的肥水管理，对大树移栽影响较大。

（1）断根施肥，是大树移栽前施肥。一般于上年 9—10 月，沿树冠滴水线挖深 30 ～ 40 厘米，宽 20 厘米左右的环形沟。切断根系，剪平切口，并进行凉根处理。后填施拌磷肥的土杂肥和肥土，促发新根。

（2）土壤施肥，是大树移栽后的施肥。大树移栽后，树势较弱，施肥的目的是保证成活，促发新梢。施肥以氮肥为主，勤施薄施。当年夏季可压埋绿肥改土，以促根系扩大生长。冬季可根据情况施秋肥，每株平均施复合肥 0.2 ～ 0.3 千克。冬季来临之前施冬肥，肥料可用 1 千克的饼肥＋适当量的人粪尿。

（3）根外追肥，移栽半个月以后于晴天喷 0.3％尿素＋ 0.3％磷酸二氢钾，每隔 5 ～ 7 天喷 1 次，使用 2 ～ 3 次，促使新叶快速转绿。

 脐橙肥害形成的原因有哪些？

①肥料用量过大。②施用新鲜没有熟化的有机肥。③含氯化肥用量不当。

④越冬肥化肥用量过多或干施。⑤果园积水。⑥施肥方式不当。⑦叶面喷肥浓度过高,次数过多。

 脐橙园肥害有哪些补救措施?

(1)肥害的应急处理。施肥后见枝基部老叶枯焦脱落时,应迅速将施肥部位的土壤扒开,用清水浇洗施肥穴内土壤,以降低土壤肥料的浓度,并切断已腐烂的根,处理后覆新土。

(2)树体处理。刮除根颈、主干部位的烂皮,涂杀菌剂,防止烂斑蔓延。剪除枯枝,适当增加有机肥的施用。

(3)合理使用肥料。要把有机肥、无机肥按照一定时期、比例进行均匀施肥,科学施肥,必须施用熟化的有机肥料。

 缺水分对脐橙树生长发育有哪些影响?

(1)对抽梢的影响。脐橙树缺水时,抽梢时间会大大推迟,抽出的枝梢纤弱短小,叶片狭小,叶数较少,抽发参差不齐。

(2)对开花及果实的影响。缺水时,花质量差,开花不整齐,花期延长,甚至造成大量的落花落蕾。果实与水分关系更为密切。缺水时,会造成叶、果争水现象,使果实的水分倒流向长势更强的叶片,阻碍果实的生长、发育,导致落果增多、产量下降、品质变差。久旱后遇过多的秋雨,会产生大量的裂果。

(3)对根系生长的影响。土壤含水少,供根系生长的水分减少,蒸腾作用可能会造成植株缺水出现暂时性萎蔫。若不及时补充水分,会出现永久性萎蔫,甚至枯死。

 脐橙树有哪些需水规律?

(1)蒸腾耗水规律。脐橙树在不同的生长发育阶段,对水分的需求有所不同,而且有一定的规律。一般 12 月至翌年 2 月,需水量最低,3 月以后,逐渐上升,6—8 月,达到最高。就一天而言,中午 1—2 时需水最大,下午 5—6 时、9—10 时需水最少。

(2)不同生育期需水规律。脐橙树在不同的生育期需水量有一定的不同。赣南脐橙在萌芽期、枝梢生长期、开花期和果实生长期的最适土壤含水量分别为 10.6%、10.6%、7.1%～10.6% 和 10.6%～14.1%,相当于田间持水量的 41.7%、41.7%、28.0%～41.7% 和 41.7%～55.5%。

(3)叶片从果实中夺取水分。脐橙树每天通过植株蒸腾大量水分。当树体缺水时,会从果实中夺取水分,以满足其蒸腾量。

 脐橙树修剪有哪些目的？

①培养合理的树体结构。②提早结果、丰产。③克服大小年。④提高果实品质。⑤延长树体的经济寿命。⑥降低成本、提高工效。⑦增强树体抗性。

255 脐橙树修剪有哪些原则？

（1）因地制宜。根据生态条件对植株的影响，因地制宜进行修剪。比如抽梢的次数、土层厚度、脐橙园的坡度不同，修剪的方法都不一样。必须根据不同的条件，确定相应的修剪方法。

（2）看树修剪。脐橙品种不同、砧木不同、树龄不同、结果量不同、树势不同等，其修剪方法不一样。如幼树修剪，以扩大树冠为目的，要轻修剪。枳砧和红橘砧木相比，枳砧要轻剪，红橘砧则重一些。树势强的脐橙园，适当轻剪，以免促发大量夏梢。

（3）轻重得当。对于当年挂果量过大的果园，适度重剪、回缩，加重营养生长比例，以防早衰。对于树势强、挂果少的脐橙树，适当轻剪，调节生殖生长。

（4）通风透光、立体结果。修剪最终达到的目的就是使树体树形合理，上稀下密，外稀内密，光照充分，果实的数量、品质达到最优。实现立体结果的状态。

 脐橙树整形修剪有哪些基本方法？

（1）短截。将枝梢剪去一部分的修剪方法。一般分为轻度（剪去 1/3）、中度（剪去 1/2）、重度（2/3）短截。短截一般用在骨干枝的延长枝，或是有较大空间的枝梢上，促其延伸或填补空间。

（2）疏剪。又称为疏枝，是从一年生枝梢基部剪除的修剪方法。疏剪会减少枝梢数量，造成伤口，削弱母枝及全树的生长量，但可增加枝梢间的距离，改变整个树体的通风透光条件，促进花芽分化和增进果实的品质。

（3）回缩。是对多年生枝梢进行短截或疏枝的修剪方法。大枝修剪、"开天窗"、疏除衰弱枝，就是用这种方法。回缩一般会减少当年的总生长量，但对剪口后面的枝梢有促进作用，多用于树体和大枝组的更新复壮、避免结果部位外移。

（4）缓放。又称为甩放，即对一年生枝梢不进行修剪。一般用在当年要结果的母枝上。

（5）抹芽。萌芽及抽生至 1～2 厘米时，将不符合生长需要的嫩芽、嫩梢抹除。春季一般用在粗枝的剪口和弓背上，夏季用于控制夏梢。

（6）摘心。对正在生长的嫩梢，用手指或剪刀摘去其先端幼嫩部分称为摘心。

（7）拉枝。将直立枝拉平或拉斜。可打开树体的光度、缓和生长势，有利于由营养生长向生殖生长转化,使直立徒长枝转化为结果母枝。

(8)环剥。剥去枝干的一圈皮层,截断光合营养物质向下输送的通道,使之更多地积累在枝干上。在不同时期进行环剥,分别有促进花芽分化、提高坐果率、增加果实糖分的作用。

257 脐橙何时修剪为宜?

(1)冬季修剪。在采果后到春季萌芽前进行。这时果树正在休眠,生长量少,生理活动减弱,修剪养分损失较少。冬季无冻害的果园,修剪越早,效果越好,树势越早得到恢复。有冻害的果园或产区,可在春季气温回升转暖后至春梢抽生前进行。更新复壮的老树、弱树和重剪促梢的脐橙树,也可在春季萌动抽发时回缩修剪,促使新梢抽生多,以达到复壮的目的。

(2)生长期修剪。①春季修剪。在春梢抽生现蕾后进行复剪、疏枝、疏蕾等。以调节春梢和花蕾、幼果的数量和比例,防止春梢过旺生长而造成落花落果。②夏季修剪。指初夏第二次生理落果前后的修剪。包括幼树抹芽放梢培育骨干枝,抹除夏梢、长梢摘心、老树更新及拉枝等。③秋季修剪。指定果后的修剪,主要是适时放梢、夏梢秋短等以培育成花母枝及环割、断根等措施。

258 脐橙幼树如何修剪?

一般幼树的生长势较强,以抽梢扩大树冠,培育骨干枝,增加树冠枝梢和叶片为主要目的。以轻剪为主,适当短截、疏枝。

(1)疏剪无用枝。剪去病虫枝、徒长枝,节省树体养分,减少病虫害。

(2)夏梢、秋梢摘心。没投产的幼树,可利用夏梢、秋梢培育骨干枝,加速扩大树冠。对生长过快的夏梢、秋梢,留6～8片叶片摘心,促进增粗生长,促发分枝。

(3)短截延长枝。结合树形,对主枝、副主枝、侧枝的延长枝短截1/3～2/3,使剪口1～2芽抽生健壮枝梢,延伸生长。

(4)抹芽放梢。幼树定植后,在夏季进行抹芽放梢1～2次,促使多抽生1～2批整齐的夏梢、秋梢以充实树冠,加快生长。

(5)疏除花蕾。幼树树体小,养分积累不足,开花结果后会抑制树体生长,影响以后的产量,故对不该投产的幼小树应及时摘除花蕾。

259 脐橙初结果树如何修剪?

从初次挂果后至盛果期以前的树称为初结果树。此时,树冠仍在扩大,生长势较强。为尽快培育树冠,提高产量,修剪仍以结合整形轻剪为主。主要是回缩衰退枝组,防止枝梢未老先衰。

（1）抹芽放梢。多次抹除全部夏梢，以减少梢、果争肥，提高坐果率，适时放出秋梢，培育优良的结果母枝。

（2）延长枝短截。结合培育树形，短截培育延长枝，直到树冠达到计划时为止，让其结果后再回缩修剪。

（3）夏梢、秋梢摘心。

（4）短截结果枝和落花落果枝。

（5）疏剪郁闭枝。

（6）夏梢、秋梢的母枝处理。冬季修剪时采用"短强、留中、疏弱"的方法，短截1/3的强夏梢、强秋梢，使其抽生营养枝。

（7）环割与断根控水促花。

260 脐橙成年树如何修剪？

（1）枝组轮换压缩修剪。脐橙植株丰产后，结果枝容易衰退，每年可选1/3左右的结果枝从枝段下部短截，剪口保留1条当年生枝，并短截1/3～1/2，防止其开花结果，使其抽生较强的春梢和秋梢，形成强壮的更新枝组。

（2）培育结果母枝。抽生较长的春梢、夏梢留8～10片叶，尽早摘心，促发秋梢。夏季对坐果多的大树，回缩一批结果枝组，也可抽发一批秋梢，其中一部分翌年也可结果。

（3）结果枝组的修剪。采果后对一些分枝较多的结果枝组，适当疏剪弱枝，缩剪先端衰退部分。较强壮的枝组，缩剪先端和下垂衰弱部分。

（4）下垂枝和辅养枝的修剪。树冠扩大后，植株内部、下部留下的辅养枝光照不足，结果后枝条衰退，可逐年剪除或更新。结果枝群中的下垂枝，结果下垂部分易衰弱，可逐年剪去。

261 什么叫脐橙郁闭园？脐橙郁闭园如何改造？

脐橙树经历一定时期的结果，或计划密植没有按计划进行间伐，会造成树冠郁闭、树体衰老，一般把这个阶段的脐橙园叫脐橙郁闭园。一般改造的方法包括：

（1）改密度。对于行距小于3.5米，株距小于2米的果园，采用间伐，疏去一部分植株，使园植株控制在每667平方米45～60株以内，株距、行距3.5米×4.0米以上。

（2）改树体。对于树冠郁闭的树体，按照省力修剪的方法，对果树进行修剪，保证树体的通风透光情况。

（3）改品种。结合品种改良，对一些不适宜、效益低的脐橙品种进行品种更新，更好地适应市场。

（4）改土壤。郁闭园一般为生长多年的果园，如没及时进行土壤改良的话，土壤肥力、结构容易退化。要采用深翻、施有机肥、调酸等措施进行土壤改良，以保证土壤保持良好的肥力、团粒结构。

（5）改方法。改传统的管理为高品质、省力化栽培；改单一施化肥为施有机肥为主，辅以复合肥、有机无机相结合的施肥方法；改单一化学防治病虫为以预防为主，化学防治与物理、生物防治相结合的病虫防治。

（6）改设施。建设和利用一定的设施，加强基础设施的建设，提高果园的省力化程度。

262 受冻脐橙树如何修剪？

冻害树应根据受冻害的程度进行修剪。

（1）推迟修剪。遭受冻害的树，一般在早春气温回升后，受冻害的枝仍然有可能向下枯枝，抽生发芽会有所推迟，最好在干枯结束后进行修剪。修剪方法主要是回缩枯枝、枝干。冻害落叶未干枯的枝条，应保留让其抽梢，其中一部分抽梢后还会枯死，到春梢展开时，再剪除干枯部分。

（2）减少花量，保留枝叶。受冻害的花质量差，坐果少，修剪时应疏除弱枝，短截强枝，使其少开花，多长枝叶。

（3）冻害树修剪伤口大，应用刀削平伤口，用薄膜包扎，涂以蜡液或杀菌剂。

263 红肉脐橙如何修剪？

红肉脐橙树势中等偏强，萌芽率高，新梢抽发多，夏梢、秋梢呈簇状，中长枝易下垂，叶片略小。

（1）未结果树的修剪。定干高 40 ～ 60 厘米，定干后枝梢长度保留 15 ～ 20 厘米，过长的枝梢应及时摘心，采用抹芽控梢的方法培养主枝、副主枝。主枝 4 ～ 5 个，每个主枝上配副主枝 2 ～ 3 个。

（2）初结果树的修剪。初结果树，既要促其开花结果，又要促梢生长，扩大树冠。修剪时注重促春梢、抹夏梢、攻秋梢。春梢营养枝少的，可以保留一部分夏梢。对于徒长枝，及时剪除。对直立、分枝角度小或披垂的长枝，采取拉、吊等方法处理。剪除枯枝、病虫枝，过密枝采用"三去一，五去二"的方法疏剪。

（3）盛果期树的修剪。为保持树体营养生长与生殖生长的平衡，尽可能延长丰产年限，修剪上采用短截、疏剪或回缩相结合，通过修剪树冠结构紧凑，通风透光。特别是要培养健壮结果母枝，及时回缩下垂枝、纤弱枝，增强树势，持续丰产。

264 伦晚脐橙成年树如何修剪？

伦晚属晚熟脐橙,生长期 12 ～ 15 个月,花果同树,修剪时容易错剪掉果实,修剪技术要求较高。

（1）修剪时期。伦晚脐橙修剪一般选择在春梢萌发期或采果后进行。由于一年四季都有果实,修剪的时期没有明显的时间。一般冬季以前尽可能减少修剪,以免造成冻害,影响树体越冬。

（2）主干高度在 60 ～ 80 厘米,修剪时,按照省力化修剪的方法,疏除 1 ～ 2 枝向阳、遮阴面最大的主枝,保证树体上部的光照能够照射到树体的主干；按照结果枝组更新,及时疏去树体周边的部分枝组,扩大周边的光照、空间；短截、回缩徒长枝、营养枝,剪除病虫枝、交叉枝,使树体立体结果。

（3）促发春梢,控制夏梢,保证秋梢。秋梢是翌年的结果母枝,其秋梢的健壮程度,影响翌年的丰产。

（4）夏季修剪。充分利用夏季采果后的时间空当,对树形、枝梢进行适当的调节、整形。但必须注意夏季修剪的程度不能过大,以免造成落果。

265 脐橙树保花保果措施有哪些？

（1）控梢保果。幼果期施肥量较大或雨水多的年份,春梢、夏梢往往过于旺长,应控制枝梢生长,以防止或减少梢、果争肥出现异常落果。

（2）果园覆盖保果。夏季用绿肥、杂草等覆盖果园可起到防旱保水、保土增肥、降低温度的作用,覆盖厚度 10 厘米左右。

（3）排灌保果。脐橙花期、幼果期,往往雨量集中,易造成涝害,出现落果。要及时清沟排淤,保持排灌。

（4）环割、环剥保果。盛花期到第二次生理落果,采用环割、环剥措施,控制树体养分向下输送,达到保果的目的。

（5）根外施肥或植物生长调节剂保果。

（6）摇花保果。盛花期遇雨天,及时摇花,振落花瓣、畸形花,加强光合作用,提高坐果率。

（7）防治病虫害保果。

266 红橘砧长红脐橙如何环剥保果？

红橘砧长红脐橙在初结果期生长较旺,在生理落果期内易抽梢造成大量落果。采用环剥技术能有效地控制营养生长,达到保果的目的。

选择环剥保果一般在花谢 3/4 时左右开始（在三峡湖北秭归地区一般是 5 月

10日左右),选晴朗的天气(雨后上午10时以后,露水干后)。用环剥剪(环剥刀)在树干主枝或副主枝上环剥一圈,剥皮宽度视树体、土壤情况而定,一般树势较旺宽度较大,土壤条件较差、树势弱的树较窄,后用薄膜进行包扎,以便迅速恢复树势,避免因环剥给树体生长带来影响。

267 脐橙树促花措施有哪些?

(1)控水促花。对长势旺盛或其他原因不易成花的脐橙树,采用控水促花。方法是9月下旬至12月将树盘周围上层的土层扒开,挖土露根,使水平根外露。

(2)环剥促花。即在9—10月,环剥主枝(副主枝),控制营养生长,促进生殖生长,达到促花的目的。

(3)扭枝、摘心、圈枝促花。采用扭枝、圈枝、摘心控制营养生长,促进生殖生长。

(4)施肥促花。通过合理施肥,减少因养分缺失造成的花量过少。

(5)药剂促花。在9—10月喷多效唑等药剂抑制赤霉素的生物合成,从而达到花芽分化的目的。

268 伦晚脐橙克服冬季粒化的技术措施有哪些?

晚熟脐橙粒化问题是限制晚熟脐橙进一步发展的障碍。采用以下一系列技术措施,可有效克服粒化现象。

(1)坚持科学规划布局。伦晚等晚熟脐橙的种植,总体控制在冬季无冻害的优势脐橙产区。三峡河谷地区一般要求海拔350米以下。同时要考虑到当地的小气候环境的适宜性。背阴地、落槽地、平地、低洼地,一般都不适宜。

(2)坚持高标准建园。一般选背风、向阳、土层深厚、无寒害、能排涝的地方种植。

(3)及时灌溉。夏、秋、冬季要能及时灌溉,特别是越冬时不能干旱。

(4)及时抗寒、防冻。利用灌水、覆膜、刷白、温室等措施,及时抗寒,安全越冬。

269 脐橙树如何疏花疏果?

(1)疏花。大年树通过冬、春季修剪,增加营养枝,减少结果枝,控制花量;花期可以通过摇、摘等方法,去掉过多的花及花枝,减少花量。

(2)疏果。疏果时间在能分清正常果、畸形果、小果、次果的情况下进行,不能延缓,以免造成养分损失。在第二次生理落果结束后,大年树还须疏去部分生长正常但果实偏小的果实。根据枝梢生长情况、叶片的多少确定留果量。在同一生长点上有多个果时,常采用"三疏一,五疏二或五疏三"标准进行。

脐橙树有哪些自然灾害？

脐橙树生长，一般会面临以下自然灾害：

（1）水害。一般是由于脐橙园排水不畅，水分长期积累，地下水位升高，土壤长时间处于水分饱和状态，根系缺乏空气导致缺氧而窒息坏死、腐烂。

（2）旱害。一般是因为柑橘园较长时间缺水干旱，导致树体生长受阻，影响产量及品质，严重时会导致柑橘树体枯死。

（3）寒害。脐橙的寒害主要指植物因气温降低引起种种生理机能上的障碍而遭受损伤。一般脐橙的果实在 0℃ 左右，就容易产生寒害，寒害后的果实，结构、味道等都发生一定的变化，严重的失去食用价值。

（4）冻害。冻害是指气温降至 0℃ 以下，植物内部组织脱水结冰而受害的现象。根据资料显示，我国基本每 10 年左右要遭受一次比较严重的冻害。因此，积极防范冻害，对保护脐橙产业安全非常重要。

除此以外，还有涝害、雾害、高温热害、风害、冰雹创伤、光害、大气污染等自然灾害。

影响脐橙冻害的因素有哪些？

（1）植物因素。包括脐橙的种类、品种（品系）、砧木的耐寒性、树龄的大小、肥水管理水平、植物长势、晚秋梢停止生长的时间、结果量的多少及采果早晚、病虫害危害及危害程度等。

（2）气象因素。最主要的是低温的强度和低温持续的时间，其次是土壤和空气的干湿度，低温前后的天气状况，低温出现的风速、风向，光照强度，地形地势等。

一般情况，晚熟脐橙品种较早熟、中熟品种而言，抗寒力强，但到某个具体品系，抗寒力也不一样；脐橙砧木不同，抗寒力不一样，枳砧高于红橘，酸橙抗寒力较弱；树龄较大、生长健壮的植株和枝梢较幼龄、树势弱的抗寒力强；结果多的抗寒力弱；土层深厚、施肥得当的脐橙树较土层薄、施肥不合理的脐橙树抗寒力强。同一树体各器官抗寒力也不一样。

预防脐橙寒害、冻害的措施有哪些？

（1）合理选择果园地址，适地适栽。脐橙产业布局要根据国家及当地的柑橘产业发展规划，避免盲目上马，一哄而上。要充分利用大山屏障、丘陵山地南坡、大水体周边有利的小区域气候促进脐橙生长，减少冻害损失。

（2）选择抗冻品种及品系。

（3）设置防护林，减轻寒潮危害。

（4）加强栽培管理，增强树势。通过合理栽果、合理施肥、适度修剪、合理排灌、冻前灌水、地面覆盖等措施，保持树势健壮，提高对冻害的抵御能力。

（5）烟熏防霜，树体保护。

 旱害对脐橙树体有哪些危害？

（1）影响树体生长。轻度至中度干旱，根系及新梢生长受阻，新根停止生长或放缓生长，不利于根群扩大，新梢停止萌发或萌发的数量少，枝叶细小，树冠扩大缓慢。

（2）影响产品和质量。遇到干旱，会加重落花落果，坐果率下降，特别是干旱和异常高温时，落花落果特别严重，甚至会绝收。三峡地区6月以后易形成伏旱，伏旱时间过久，会导致果实变小、品质降低、脱落，甚至死树。

（3）病虫害加剧。春季和秋季干旱，易导致红蜘蛛、黄蜘蛛的泛滥，夏季则易导致锈壁虱暴发，夏秋两季干旱还容易导致畸形、炭疽病暴发，病害加重。

（4）枝梢枯死与死树。遭到严重干旱或大干旱时，柑橘近地面的浅根死亡，新梢、弱枝和部分2～3年生枝枯死，严重时大枝，甚至整株死亡。

 脐橙园抗旱有哪些技术措施？

（1）选择适当的果园地址。尽量选在坡度小、水源好、周边植被茂盛、土层厚、有机质含量高的区域建园。丘陵山地，应选在丘陵山地的中下部，坡度不超过15°，土层较厚的地方建园。

（2）选择耐旱品种及砧木。三峡河谷地区选择红橘砧高接换种晚熟脐橙，须根多，耐旱力强。

（3）保护果园生态环境。通过保护果园周围植被、建设防护林等生态环境，提高果园的抗旱能力。

（4）建设蓄水、灌溉设施。通过建设抗旱设施，提高果园抗旱能力。

（5）落实抗旱技术。通过深翻改土、果园覆盖、生草栽培、中耕、灌溉等技术措施，提高果园的抗旱力，减轻旱情。

 干旱后脐橙园如何管理？

（1）清除枯枝落叶。清除地面的枯枝落叶，进行深埋或烧毁。及时剪除树上的干枯枝，大锯口或大剪口处应消毒并涂抹保护剂。

（2）补施肥料。脐橙树受旱后，树势受到一定影响，应及时补施肥料，恢复树势。肥料可用土壤施肥及叶面施肥相结合。土壤施肥以速效肥的尿素、复合肥或腐熟的厩肥、饼肥等为主。叶面喷肥0.3%～0.5%尿素＋0.2%磷酸二氢钾和硝酸钾等。

（3）防裂果。一是灌水少量多次；二是增施氮肥、钾肥，使果皮增厚；三是树盘覆盖，减少水分蒸发。

（4）摘除干旱诱导的异常花。干旱后易开异常花，没有经济价值，须及时摘除。

（5）补栽死树缺树。干旱至死的脐橙树，须及时补植，便于果园统一管理。

276 何为老果园？脐橙老果园有哪些特点？

在秭归脐橙产区，脐橙老果园是一个统称。凡是果园年代长久、品种老化、树势衰退、经济效益不高的果园都叫老果园。脐橙老果园特点如下：

（1）树龄为30年以上。农事操作及管理模式不当，达不到理想的经济寿命。

（2）果园郁闭。密度较大，计划密植不按计划间伐或者间移，通风不良，光照不足，操作不便。

（3）品种老化。脐橙原有品种与当前区域规划不搭，长期种植表现老、弱现象，适应性下降，有的品种（如华脐、朋娜、罗脐等）已在生产实践中被当地淘汰。

（4）品质下降。果实整齐度不高、皮厚、色淡、味酸、汁少、不化渣等表现明显。

（5）树势衰退，抗病性下降。花多果少，抽发能力不强；主干受蛀，病虫害严重。

（6）根系生长受阻，抗逆性差。土壤有机质不高，缺素症明显，表现为小老树。土壤板结，根系生长受阻，抗旱、抗寒能力弱。

277 老果园改造的重点是什么？

老果园改造的重点内容是品种改良、土壤改造、园相改观。

品种改良就是用当前主推优良品种替换原有退化品种；土壤改造包括增施有机肥、种植绿肥、深翻改土等提升土壤肥力的措施；园相改观包括田园建设、水电路房亭设计、株行布局等，应符合水肥一体化、运输机械化、操作简便化的要求，同时应结合乡村旅游的规划，改造发展观光果园。

278 老果园改造的方式和方法有哪些？

老果园改造的方式方法有高接换种、疏株间伐、大苗置换、推倒重建等。

279 脐橙高接换种应针对哪些果园进行？

脐橙高接换种的对象应该是品种退化、品质劣化、产量低化，没有商品性、没有市场竞争力、没有经济效益的果园，但必须是树势健壮、主干完好、处于丰产期、树龄30年以下的植株。

脐橙高接换种改造老果园的方式有哪些?

脐橙高接换种改造老果园的方式有隔株高接、隔行高接、间移高接。

(1)隔株高接。对于密度较大的果园,按每 667 平方米栽植密度(枳砧 80 株,红橘砧 70 株)确定永久株,对永久株高接换种,对临时株压缩修剪,逐年缩小树冠,待永久株(高接树)丰产时(2 ~ 3 年)砍除临时株。

(2)隔行高接。对于密度合理、栽植规则的果园可以分年度进行,一行高接换种,一行挂果生产,2 ~ 3 年全部改接完。

(3)间移高接。对密度较大,且栽植不规则的果园要疏移临时株。一般在疏株移栽前都进行了重修剪,当移栽的大树成活后在其骨干枝上进行高接换种。

 脐橙高接换种的时期应如何把握?

2 月下旬萌芽至 10 月均可进行高接换种,但以春秋两季最好,春季以春分节前后较好,秋季以 8 月底至 10 月 10 日前较好。秋季树液流动旺盛,树皮易剥,伤口愈合快,成活率高,萌芽整齐,可多发一次梢。提倡秋季高接换种。

 脐橙的接穗采取及质量标准是什么?

(1)接穗来源。接穗应该统一在国家指定生产单位采取,如果确有困难,须在当地优良株系上采穗的,应该在树势健壮,无传染病害,品种优良纯正,当地技术部门多年观察认定、登记、建档的母本树上采接穗。

(2)接穗质量标准。应剪取树势健壮、丰产优质的母本树树冠中上部,生长健壮,芽眼饱满,一年生,已木质化或半木质化,无病虫害的春梢(已圆梗)和秋梢(有弹性)。每枝应有 5 个饱满芽,枝条采取一般以早晨和上午较好,留叶柄剪去叶片后,每 50 ~ 100 枝打捆成把挂上标签,写明品种、数量、日期等。如果不坚持质量标准,可能引起品种变异。内部、下部的枝条,弱枝,夏梢,没有木质化的枝条,徒长枝不宜采取,否则易造成不发芽、不成活、遗传不稳定。

 嫁接芽应如何布局?

嫁接部位尽量降低,根据树体大小嫁接范围应控制在距地面 50 厘米以上,120厘米以下的主枝和副主枝为宜,主干过高的应在距地面 50 厘米处补接芽作为第一个主枝,嫁接点之间相距 30 厘米,错开嫁接方位。根据树冠大小,1.5 米以内的接活 3 ~ 5 个芽,2.5 米以内的接活 5 ~ 8 个芽。嫁接口必须选择在主枝的阳面和两侧面(图 52)。

图 52　芽接布局

伦晚脐橙春季高接当年恢复树冠，采取"五及时管理"的内容是什么？

秭归伦晚脐橙春季高接当年恢复树冠，采取的"五及时管理"是及时锯砧、施肥、灌水、防治病虫害、摘心抹芽。

（1）及时锯砧。高接后 15 天进行锯砧。在距最上面的嫁接芽 2 厘米处锯掉砧木的枝组，锯口倾斜 45°，锯面用利刀削平并涂上保护剂。锯砧后嫁接芽萌动快，嫁接芽鼓动薄膜时迅速挑芽。

（2）及时施肥。一梢一肥。锯砧后迅速施第一次肥，促发春梢；第二次施肥在 5 月上旬，促发早夏梢；第三次施肥在 6 月上旬，促发晚夏梢；第四次施肥在 7 月上旬，促发秋梢。肥料为含氮量 46.6% 尿素，施肥量每株 200 克。施肥方法是在锯砧点垂直地面处挖穴施入，每次 2 穴，全年轮换挖穴位置，穴深 4 厘米，宽 3 厘米，每穴 100 克尿素，施后盖土或者结合灌水后覆盖。

（3）及时灌水。干旱持续 7 ～ 10 天就开始灌水。

（4）及时防治病虫。一梢二药。第一次在新梢 0.5 厘米时，第二次在新叶完全展开时及时防治蚜虫、潜叶蛾、叶甲、尺蠖、红蜘蛛、黄蜘蛛、凤蝶、炭疽病等危害，用 20% 的啶虫脒 1 000 倍＋90% 的晶体敌百虫 1 000 倍＋2% 的阿维菌素 2 000 倍＋80% 的代森锰锌 1 000 倍稀释液喷雾。

（5）及时摘心抹芽。一枝三摘心。春梢摘心在春梢 6 ～ 8 片叶时进行；早夏梢和晚夏梢摘心在 10 ～ 12 片叶时进行；早秋梢不摘心，使其进行花芽分化。每次摘心的同时设立支柱把嫩梢绑缚在支柱上，防风吹折新梢。随时抹芽，新梢抽发季节每 3 ～ 5 天抹 1 次芽，抹去原来砧木的萌芽，促使新梢健壮。

 计划密植果园采取疏株间伐的原则及时期是什么？

（1）计划密植果园采取疏株间伐的原则是疏密留稀、疏弱留强、疏劣留优。

（2）疏株间伐应该在采果后立即进行。采果后，在果园还没有采取修剪、施肥、刷白、清园等园艺措施，没有进行投工投劳、投肥投药时，抓紧疏株间伐，可以最大限度地节约成本，减少人工。

 疏株间伐推广有何难度？

脐橙果园疏株间伐在秭归老产区实施还是有一定的困难。20 世纪 80 年代发展的果园大都是采取的计划密植建园，每 667 平方米 120 ～ 160 株，有的甚至达到 220 株，现在只保留 70 ～ 80 株，果农难以接受。难度有三：一是舍不得砍树。果农把脐橙树当作摇钱树、养老树。二是认识不足。不相信疏株间伐后能改善通风透光条件，提高品质，提高商品性；不相信能减少投资，便于管理，节约成本；不相信 3 年内恢复或者增加产量。三是在实施的过程中对永久株和砍伐株难以把握，往往永久株留得过多，达不到疏株间伐的效果。

 大苗置换改造老果园应怎样进行？

采用大苗置换的方式是山区老果园改造的一种新模式。特点是老少同园，更新与收入同步，最大限度地降低现实损失，但是前期操作管理任务加重。具体方法：预先选定更新品种，培育假植的容器大苗；在老果园里规划布局运输路、作业道、水池；根据地势、坡向及梯田的弯直情况确定株行距，一般的纵行取直，横行随弯，同时用石灰或者木桩做上定植穴的标记，如果定植穴在原果树处或旁边（1 米内），应砍伐原树或进行回缩修剪处理；挖定植穴；定植大苗；逐步回缩或者砍伐间距新苗 1 米的原有植株；加强幼苗管理，2 ～ 3 年后幼苗进入结果期，彻底砍除原有脐橙树。

 大苗置换的苗木标准是什么？

大苗置换的苗木（图 53）标准须要求：品种纯正，砧穗配套；根系发达，主根垂直 30 厘米以上，水平根和须根较多，根颈部正直不扭曲；嫁接部位愈合良好，包扎薄膜解除干净；主干粗度直径 1 厘米以上，主干高度 40 厘米以上；分支 3 ～ 4 个，末级梢 60 个以上；苗高 80 厘米以上；枝叶健全，叶色浓绿，富有光泽，无病虫害。

图53　用于大苗置换的苗木

 大苗置换的定植穴开挖及回填应注意什么？

定植穴起挖应达到80平方厘米，60厘米深，起挖的表土和底土分开堆放。回填时，定植穴最底层用表土压入渣草、枯枝、落叶等；中段填入30～40千克农家肥拌适量磷肥，没有农家肥用5千克商品有机肥代替；返回底土适当垒高呈馒头壮凸起；待渣草等腐烂，垒起部分下陷到与地面平行时方可移栽定植。

 大苗定植移栽应注意什么？

（1）要多带土、多带根。起挖苗木时前一天浇灌苗床尽量多带土，起挖苗木须有垂直主根长20～30厘米，侧根4～5条长20～30厘米，须根越多越好。容器苗定植前去掉容器袋，舒展根系。垂直主根要理直，外围露出的侧根也要理开。容器袋要集中回收再利用，不能丢弃在田间，降低人为因素面源污染程度。

（2）要及时栽植，做到苗不过夜。做到当天起挖，快速运输，当天栽植。在运输的过程中要盖上遮阳网，使苗木不伤风湿水，若当天不能栽植的必须放在阴凉湿润背风的地方，须浇一次水。

（3）要适当修剪。主干40厘米内的枝叶一律全部剪除。主枝延长枝适当短截，其余的枝叶要尽量保留不剪，花蕾一律全部摘除。定植前可用生根剂浸润根部，促发新根，注意边浸边栽。

（4）要大窝浅栽。在定植穴中央开挖，不宜过深，保证栽植后根颈部外露10厘米，否则根系生长缓慢，且易受星天牛和脚腐病的危害。

（5）要主枝方向一致。按苗木级别分开定植，同一田块苗木大小一致，便于今后管理。主枝方向一致，水平梯田栽植的尽量使第一主枝伸向外，能最大限度地利用土地和阳光。

（6）要舒展根系培细土。栽植时把根系铺平舒展，根系不弯曲、分布均匀，一层根一层土，扶正苗木，须根。不能用生土或大土团。轻提苗木，用脚轻轻踏实土层，使根系与土壤完全接触。

（7）要浇足定根水。一棵苗一大桶水，要猛灌落实土壤，减少土壤空隙，使根系和土壤接触紧密。如土壤灌水不易渗透到根部，要用细竹片插孔。定植后每隔7～10天灌水1次，连续4～5次；以后遇干旱要及时灌水抗旱。灌水后，先用细碎土淹盖，再用6～9厘米厚草或地膜覆盖，持久保墒。即使淋雨栽植要灌水。

291 老果园采取露骨更新或者主枝更新应把握哪几点要求？

露骨更新或者主枝更新是保留骨干枝或者主枝的一种重修剪的方法。实际生产中应把握以下五点：一是选择品种优良的果园进行，比如纽荷尔脐橙果园等。二是树势健壮，经济寿命20年以下，主干未受到病虫危害。三是尽量采取隔行进行。露骨更新后2年才能恢复产量，采取隔行进行可以避免近期损失过大。四是露骨更新回缩骨干枝，应适当预留辅养枝，防止根系饥饿。五是同时对地下部进行土壤改良。如抽槽改土增施有机肥、种植绿肥、测土配方施肥等。

292 高接换种或者露骨更新后应如何保护好树干？

脐橙高接换种倒砧或露骨更新后剪去了大量的叶片，消耗了大量的养分，打破了地上部与地下部的平衡关系，且主干没有叶幕层遮挡，裸露在直射的阳光下，又恰逢高温季节，因此主干极易裂皮、流胶等，可能严重影响改造效果，有的甚至导致植株死亡。所以保护主干尤为重要。

保护好树干要做好以下3点：①高接换种倒砧或者露骨更新回缩时预留一部分小枝组作辅养枝，既遮阴又维持地上部与地下部的平衡，保证根系正常生长。②锯、剪留下的大伤口要有倾斜度，口面平整，并及时处理，防止伤流，减少养分消耗，防止病菌浸入。可用"糊涂"（一种植物伤口保护剂）涂抹口面。③树干刷白。要及时对树干进行刷白处理，刷到骨干枝处，以保护树皮，防止日灼流胶、裂皮。刷白剂配方为生石灰12.5千克、食盐1.2千克、菜油0.3千克、硫黄粉1千克、水50千克。

293 老果园推倒重建有哪些优点和不足？

脐橙老果园推倒重建是最近几年开始实施的一种改造方式。

优点：改造一次性到位，地上部和地下部彻底改造，品种改良土壤改造彻底完成；规划一步到位，可以按照农旅互补、观光果园的要求进行高标准规划；配套设施一步到位，电、路、轨、水、池、管可以同步配套到位，便于机械化操作。

不足：短期内（5年）没有收入；投资较大，每667平方米地需投资20 000元左右；必须集中连片，果农统一组织难度大。

294 山地果园推倒重建有哪些障碍？应如何突破？

秭归脐橙以山地果园为主，一部分果园郁闭严重，品种退化，品质下降，改造迫在眉睫。推倒重建无疑是今后改造老果园的彻底办法，当前存在思想、体制、组织化等障碍。一是思想上认识不足。抱着种一年收一年的打算，舍不得彻底脱胎换骨，对果园长远认识不足。二是体制上小而散的现象长期存在。家庭联产承包，农户果园面积小且特别分散，有的果园分散十几处，推倒重建更麻烦。三是果农组织化程度不高。农村大多数能人志士都在外经商务工，没人挑头组织，虽然有些专业合作社，但是大多从事对外收购果实、销售获利的工作。四是项目资金不足。推倒重建改造老果园投资大，单个农户无法实施，不能满足资金需求，必须依靠上级项目的支持。

老果园改造推倒重建是一项长期的艰巨的系统工程。当前应该采取以下策略：一是大户承包，集中连片，规模经营。采取大户租赁承包经营的方式，扭转小户果园，连片开发，实施推倒重建。二是借助乡村旅游项目，改建老果园为观光、休闲、体验一体的现代果园。先小规模实施，打破户与户、田与田的界限，整体布局，统一规划，集中操作，逐步推开。三是支持专业合作社进行老果园改造。专业合作社应发挥市场主体作用，积极组织、引导社员，提高思想认识，提高自觉性，主动参与项目建设。四是捆绑项目资金，多部门联合推进。发改、财政、农业、水利、国土、电力、旅游等部门项目资金捆绑使用，集中财力，每个主产乡镇建成一个老果园改造示范样板区，逐步推进推倒重建项目的实施。

295 如何做到脐橙精细采收？

（1）采收期。脐橙的采收期应根据不同的品种、用途来确定，各个品种的采收期在不同年份、不同地区因气候、土壤、树龄和栽培管理措施的不同而异。同时果实的不同用途，对其成熟度的要求也不同。一般而言，若采后用于鲜食，果实达到固有的色泽、风味和香气等即可采收；若需贮藏或长距离运输的，则可稍早采收，一般在果面2/3转色即可采收。

（2）采前准备。采前对当年的产量要进行科学的预测，制订可行的采果计划，合理安排好劳力，准备好采收和运输的工具，如果剪、果梯、果箱(筐)和车辆等。采果篓大小适中，容量以7.5～10.0千克为宜，果箱大小以20～25千克为适。果篓、果箱(筐)内壁光滑,并垫衬柔软物,以免伤果。现大多已采用塑料周转箱作为田间采果箱,这种果箱可装果 40～50 千克,箱与箱可以重叠,存放占地面积小,空箱运输也方便,且装运量大,又不伤及果实。由于塑料箱色泽鲜艳,在果园中目标明显,不会因疏忽而出现漏箱,塑料箱又坚固耐用,很受果农欢迎。

(3)按操作程序采果。就一株树的采果程序而言,应是先外后内、先下后上,要求采用复剪。具体剪法是第一剪果实带果梗在约 1 厘米处剪下,第二剪(复剪)才齐萼片整齐地剪去果梗,因是两次剪梗故称复剪。复剪剪口平、光滑,不会有果梗过短、伤及萼片或果梗过长、刺伤他果的弊端。

(4)分工合作。根据采果人员的体力和技能,每 3～5 人一组,进行分工合作采果,以提高采果质量和效率。

(5)时间选择。采果宜选晴天,雨天不采,果面露水不干不采。

(6)采收注意事项。一是采果人员忌喝酒,以免乙醇对果实产生影响而使果实不耐贮运;采果人员剪平指甲,以免刺伤果实。二是凡下雨、起雾的天气,树体水分未干均不宜采果,刮大风时也不应采果。三是采果时实行复剪,严禁强拉硬扯果实。拉脱果蒂的果实,甚至拉松果蒂的果实易发生腐烂。采摘时轻拿轻放,严禁抛掷果实。四是入库贮藏的果实在果园进行初选,果实不得露天堆放过夜。

296 脐橙留树保鲜技术应注意些什么?

利用脐橙果实在成熟过程中具有与其他果品不同的特性,即无明显的呼吸高峰,成熟期较长,将已成熟的果实继续留在树上,分期分批进行采收,这种方法称留(挂)树保鲜或留树贮藏。

鉴于目前我国脐橙品种以 11—12 月成熟的中熟品种占绝大多数,为调节应市时间,在脐橙生产上应用留(挂)树保鲜技术是必要的、可行的。为了使脐橙留树保鲜取得好的效果,应注意以下 5 点:

(1)防止冬季落果。因脐橙果实成熟期通常都处在气温逐渐下降的冬季,果实在冬季低温影响下,果蒂易形成离层,造成落果。为了防止冬季落果和果实衰老,在果实尚未产生离层之前,对植株喷布 1～3 次浓度为 20 毫克/千克的 2,4-D,防止冬季落果的效果明显。

(2)加强肥水管理。果实留树保鲜,必然会增加树体负担,消耗更多的养分,若是养分跟不上,就会影响第二年产量。为此,必须加强肥水管理,在 10 月上中旬重施 1 次有机肥,以供保果和促进花芽分化;翌年 1 月喷布 2,4-D 时可结合根外追肥;果实采收后要及时施肥,且以速效肥为主,促进树势恢复、开花和抽梢。如果冬季较干旱,务必灌水,以防果实缺水萎蔫,甚至脱落。

(3)挂(留)树期限。脐橙果实的品质越近成熟期越好,其挂树的期限,一是根

据市场需要,二是在果实完全成熟、品质下降以前即时采收。一般脐橙宜在 1 月底至 2 月初采收。

(4)防止果实受冻。脐橙留树保鲜,必须考虑冬季的低温影响,冬季气温在 0℃以下的脐橙产区,果实留树保鲜会遭受冻害,宜在气温下降前采收。

(5)避免连续进行。就某一脐橙果园而言,为获得长远经济效益,果实的留树保鲜不宜连续进行,一般以留树保鲜 2 ~ 3 年间歇(不留树贮藏)1 年为宜。

 脐橙如何贮藏保鲜?

脐橙果实贮藏保鲜技术大体上可分为采后用药剂贮藏保鲜技术、薄膜包果、喷涂蜡液和挂(留)树贮藏保鲜技术等。

(1)采后用药剂贮藏保鲜技术。20 世纪 60 年代以来,我国柑橘果实的贮藏保鲜,主要采用的药剂有 2,4-D、多菌灵和托布津等。使用的浓度,2,4-D 一般为 250 毫克 / 千克,多菌灵为 500 毫克 / 千克,托布津为 1 000 毫克 / 千克。近年来,除继续使用 2,4-D、多菌灵和托布津等药剂外,新的药剂不断推出,并取得了好的效果。如用 200 毫克/千克的万利得加 200 毫克/千克的 2,4-D,或 500 毫克/千克的抑霉唑,或绿色南方柑橘专用保鲜剂 500 倍液,或 SG 柑橘保鲜剂 50 倍液等处理脐橙,均能取得好的贮藏保鲜效果。

(2)薄膜包果。通风贮藏库是脐橙果实贮藏的主要场所,但普遍存在的问题是湿度偏低,贮藏果实失重较大,果实萎缩,干疤多,而采用薄膜包果可大大降低果实贮藏保鲜期间的失重,可使脐橙在常温通风库贮藏 3 个月左右的失重由 15%~20% 下降到 5% 以下,褐斑(干疤)果率为不包薄膜对照的 1/5,且果实新鲜饱满,风味正常。此外,用薄膜单果包果还能起隔离作用,可减少病害传播。特别是脐橙果实防腐处理后,再行薄膜单果包装,减腐的效果更明显。薄膜包装有单果包装和多果包装之分。多果包装,在高湿条件的薄膜内,病果会互相传染而加重腐烂。脐橙适宜薄膜单果包装。目前,薄膜包果常用 0.008 ~ 0.010 毫米厚的聚乙烯薄膜,制成薄膜袋,使用既方便,成本又不高。

(3)纳米保鲜。纳米技术是一种用单个原子、分子制造物质的技术。2017 年用武汉纳诺帕科技有限公司提供的纳米材料进行夏橙常温贮藏保鲜试验,贮藏两个半月好果率为 90% 以上,对照仅为 70%。试验结果证明,采用纳米材料保鲜夏橙能有效地防止柑橘青霉病、绿霉病、炭疽病等贮藏期病害的发生。纳米材料贮藏保鲜符合绿色食品生产技术要求。

附录 1:防治柑橘病虫害的部分推荐生物农药

防治对象	防治指标(适期)	生物农药名称及剂量	使用方法	安全间隔期(天)
矢尖蚧	低龄幼虫期	5%桉叶素可溶液剂 1 200～1 500 倍液	喷雾	7
		27%皂素·烟碱可溶粉剂 300 倍液		
		25%水胺·鱼藤乳油 1 000～1 500 倍液		
		蜡蚧轮枝菌浓度在每毫升 10^7 个孢子以上		
潜叶蛾	新梢萌发不超过 3 毫米时或新叶受害率为 5%左右	10%烟碱乳油 900～1 200 倍液	喷雾	7
		25%水胺·鱼藤乳油 1 000～1 500 倍液		
柑橘凤蝶		1.3%鱼·藤·氰乳油 800 倍液	喷雾	5
		18%阿维·烟碱水剂 500～750 倍液		
叶蝉		1%苦参·印楝乳油 800～1 000 倍液	喷雾	7
		27.5%蓖麻油脂·烟碱乳剂 500～1 000 倍液		
		18%辛·鱼酮乳油 1 000 倍液		
花蕾蛆	现蕾前期	2.5%烟碱·楝素乳油 800～1 000 倍液	喷雾	7
黑刺粉虱	1～2 龄期施药	10%烟碱乳油 1 000 倍液	喷雾	5
		40%硫酸毒黎碱 800 倍液		
		1%血根碱可湿性粉剂 2 000～2 500 倍液		
		0.88%百部碱水剂 1 000～1 500 倍液		
锈壁虱	8 月中下旬	27%皂素·烟碱可溶性粉剂 1500 倍液	喷雾	5
蓟马	若龄期	27.5%蓖麻油脂·烟碱乳剂 400～800 倍液	喷雾	5
红蜘蛛		绿保李水剂 400 倍液	喷雾	5
		1.2%烟碱·苦参碱乳油 800～1 000 倍液		
		0.6%氧苦·内酯水剂 800～1 000 倍液		
		1%苦参·印楝乳油 800～1 000 倍液		
		27.5%蓖麻油脂·烟碱乳剂 500～1 000 倍液		
		10%阿维·烟碱乳油 500～1 000 倍液		
橘蚜	新梢有蚜率为 25%左右	30%硫酸·毒黎碱 1 000～1 500 倍液	喷雾	5
		0.6%氧苦·补骨内酯水剂 250 倍液		
疮痂病		3%植物激活蛋白可湿性粉剂 1 000 倍液	喷雾	5
		25%阿密西达悬乳剂 1 500 倍液		
炭疽病		绿保李水剂 400～600 倍液	喷雾	5
		2%农抗 120 水剂 200 倍液		

备注:药剂不宜与碱性农药混合施用;在防治施药过程中,应进行轮换交替使用;若使用低容量(机动喷雾器防治)喷雾每 667 平方米用水量可控制在 15～20 千克即可。

附录 2:禁止使用农药名单

六六六,滴滴涕,毒杀芬,二溴氯丙烷,杀虫脒,二溴乙烷,除草醚,艾氏剂,狄氏剂,汞制剂,砷,铅类,敌枯双,氟乙酰胺,甘氟,毒鼠强,氟乙酸钠,毒鼠硅,甲胺磷,甲基对硫磷,对硫磷,久效磷,磷胺,苯线磷,地虫硫磷,甲基硫环磷,磷化钙,磷化镁,磷化锌,硫线磷,蝇毒磷,治螟磷,特丁硫磷,甲拌磷,甲基异柳磷,内吸磷,克百威,涕灭威,灭线磷,硫环磷,氯唑磷,氧乐果,三氯杀螨醇,灭多威,硫丹,溴甲烷。

附录3：防治柑橘病虫害的部分推荐高效、低毒、低残留农药

防治对象	防治指标(适期)	高效、低毒、低残留农药名称及剂量	使用方法	安全间隔期(天)
疮痂病	春芽萌动长至1～2毫米	80％代森锰锌可湿性粉剂300～500倍液	喷雾	7
	幼果生长初期	68.75％恶唑菌铜·代森锰锌可分散粉剂1 000～1 500倍液		
炭疽病	病害发生前	65％代森锌可湿性粉剂600～800倍液	喷雾	7
		50％代森铵水剂800～1 000倍液		
		25％咪鲜胺乳油800～1 000倍液		
		1％中生菌素水剂250～500倍液		
黑刺粉虱、柑橘粉虱	幼虫1～2龄期施药	25％噻嗪酮可湿性粉剂2 000～3 000倍液	喷雾	7
矢尖蚧、红蜡蚧	卵孵盛期	30％噻嗪铜·毒死蜱乳油1 500～2 500倍液	喷雾	7
		6％阿维菌素·啶虫脒水乳剂1 000～2 000倍液		
		4％机油·毒死蜱乳油800～1 250倍液		
		48毒死蜱乳油1 000～1 500倍液		
		95％机油乳油50～100倍液		
锈壁虱		50克/升虱螨脲乳油1 500～2 500倍液	喷雾	7
		5％唑螨酯悬乳剂800～1 000倍液		
		45％石硫合剂结晶粉300～500倍液		
		40％毒死蜱乳油800～1 500倍液		
		2％阿维菌素乳油4 000～8 000倍液		
花蕾蛆	现蕾前期	90％晶体敌百虫800～1 000倍液	喷雾	7
蒂腐病(焦腐病)	果实采前7～10天	80％代森锰锌可湿性粉剂1 000倍液	喷雾	10
	果实采收后防腐处理	25％抑霉唑乳油1 000～1 500倍液	喷洒	
		25％咪鲜胺乳油500～1 000倍液		

防治对象	防治指标（适期）	高效、低毒、低残留农药名称及剂量	使用方法	安全间隔期（天）
红蜘蛛	春、秋季平均每叶 3 头以上	5%尼索朗乳油 1 500～2 000 倍液	喷雾	7
		15.5%甲维盐·哒螨灵乳油 1 500～2 000 倍液		
		1.8%阿维菌素乳油 2 000～4 000 倍液		
		11.2%阿维菌素·三唑磷乳油 1 000～1 500 倍液		
		5%噻螨铜·阿维菌素乳油 1 000～2 000 倍液		
		40%阿维菌素·炔螨特乳油 1 000～2 000 倍液		
橘蚜	新梢有蚜率为 25%左右	10%吡虫啉可湿性粉剂 3 000 倍液	喷雾	7
		25%吡蚜酮可湿性粉剂 2 000～3 000 倍液		
		50%抗蚜威可湿性粉剂 1 000～2 000 倍液		
		0.5%苦参碱水溶液 500～1 000 倍液		
		24%灭多威乳油 1 000～1 500 倍液		

备注：药剂不宜与碱性农药混合施用；在防治施药过程中，应进行轮换交替使用；若使用低容量（机动喷雾器防治）喷雾每 667 平方米用水量可控制在 15～20 千克即可。

参考文献

[1] 邓秀新. 中国柑橘品种[M]. 北京:中国农业出版社,2008.

[2] 蔡明段,易千军,彭成绩. 柑橘病虫害原色图鉴[M]. 北京:中国农业出版社,2011.

[3] 沈兆敏. 脐橙优良品种及无公害栽培技术[M]. 北京:中国农业出版社,2006.

[4] 张大萍. 绿色食品柑橘优质丰产栽培技术 300 问[M]. 北京:中国农业出版社,2010.

[5] 钟仕田,田丹,王友海,等.柑橘高效安全生产与销售[M].武汉:湖北科学技术出版社,2014.